四季で楽しむ 野鳥図鑑

監修 真木広造

宝島社

巻頭グラビア

季節の移ろいと野鳥

撮影 真木広造

自然界で生きる野鳥の多くは、季節の移ろいとともに場所を移動したり、春が来るたびにつがいを見つけて子どもを育てたりを繰り返す。
そんな野鳥の姿を写真で紹介する。

コサメビタキ→P40 の成鳥。5月撮影

オバシギ→P35 の成鳥夏羽。4月撮影

イヌワシ →P64 の成鳥。11月撮影

シマセンニュウ →P54 の雄成鳥。7月撮影

草花

ハギマシコ →P76 。2月撮影

タンチョウ→P110 の成鳥の求愛ダンス。2月撮影

繁殖

アカエリカイツブリ→P48 の雄成鳥夏羽（左）と雌成鳥夏羽（右）。7月撮影

フクロウ（エゾフクロウ）→P105 の巣立ちビナ。6月撮影

カワラヒワ→P114 の雄成鳥（左）と巣立ちビナ（右）。6月撮影

エリグロアジサシ →P120 の群れ。7月撮影

ウミウ →P16 の群れ。12月撮影

ヘラサギ →P100 の成鳥。12月撮影

渡来

オオワシ →P78 の成鳥。
12月撮影

ハクガン →P71 の成鳥の群れ。2月撮影

ヨシゴイ →P58 の雄成鳥。8月撮影

ズグロミゾゴイ →P119 の雄成鳥。3月撮影

バードウォッチングの楽しみ方

近所の公園に一人ででかけるもよし、仲間と集って有名な山へ登るのもよし。服装や持ち物のポイントを押さえ、自然や野鳥を傷つけないようにマナーを把握さえしていれば、バードウォッチングの楽しみ方は自由です。

フィールドマナー「やさしいきもち」

や 野外活動、無理なく楽しく
自然には思いがけない危険がいっぱい。知識や経験の少ないうちは、ゆとりをもって安全第一に行動しましょう。

さ 採集は控えて自然はそのままに
きれいな花やかわいい木の実などをついつい持ち帰りたくなるもの。でも、野鳥の営巣や食餌の邪魔をしている可能性もあるので、むやみに採らないように。

し 静かに、そーっと
野鳥は基本的に警戒心が強いので、大きな音や動作には敏感です。できるだけ静かに行動し、野鳥の鳴き声などを楽しみましょう。

い 一本道、道から外れないで
道を一本外れて藪の中を歩いたりすると、伸びた植物や虫によって怪我をする可能性も。野鳥観察に夢中になりすぎて道から外れないように。

き 気をつけよう、写真、給餌、人への迷惑
自然を傷つけたり、野鳥にむやみにエサを与えたり、他人の所有する土地に無断で入り込んだりするのは厳禁。常に周囲への気配りを心がけましょう。

も 持って帰ろう、思い出とゴミ
コンビニのビニール袋やお弁当を入れたプラスチック容器などを放置して帰るのは、自然界のバランスを崩したり鳥を死に至らしめたりする行為です。

ち 近づかないで、野鳥の巣
子育て中の親鳥はとりわけ周囲の気配に敏感で神経質。知識が少ないうちは、巣の近くでの撮影は鳥に悪影響を及ぼすのでやめましょう。

※フィールドマナー「やさしいきもち」は、バードウォッチングの際に野鳥や自然に迷惑をかけないようにするため、日本野鳥の会が提唱しているマナーです。

- 熱中症や日焼け対策として、夏場は特に帽子が必須。
- 鳥に警戒されないよう、ベージュやカーキやグレーといったアースカラーの長袖と長ズボンを着用すること。ただし黒はNG。
- 両手が自由に使えるよう、リュックサックや小型のウェストポーチがオススメです。
- 靴は動き回りやすいトレッキングシューズが基本ですが、市街地の公園であればスニーカーでも構いません。

持ち物

筆記用具
ノートやメモ帳は、持ち歩きやすいハンディータイプがオススメ。カバーが硬いほうがメモが取りやすいです。

双眼鏡
レンズの口径が大きいほど倍率や明るさなどが有利ですが、その分、重量があります。目的と機能と重量のバランスを考えて。

or

望遠鏡
双眼鏡より倍率が高く、遠くの鳥を見るのに便利。ただし、持ち歩きながらの移動は難しいので、動き回る野鳥には不適です。

鳥の体の各部名称

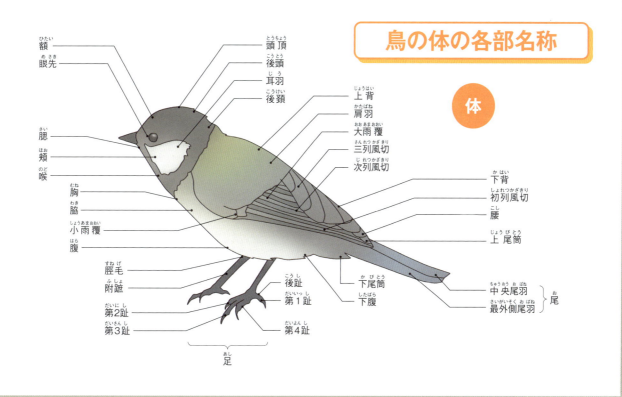

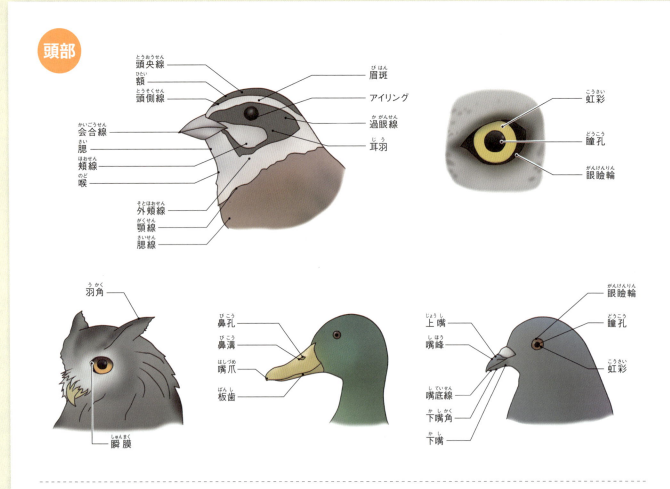
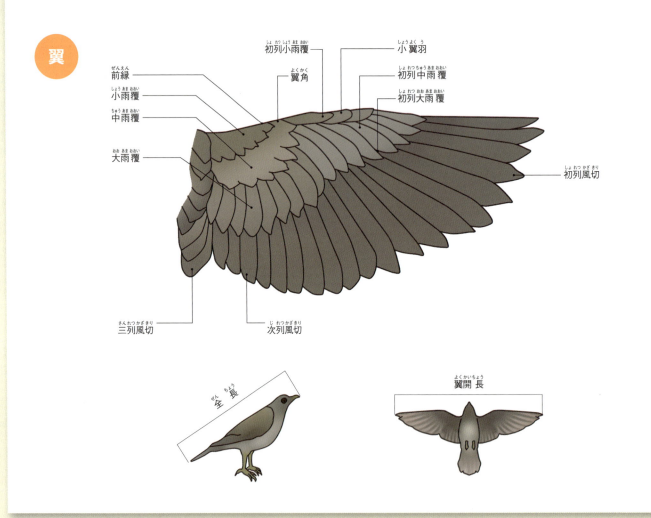

四季で楽しむ 野鳥図鑑 ［もくじ］

- 2 　巻頭グラビア　「季節の移ろいと野鳥」
- 9 　バードウォッチングの楽しみ方
- 9 　鳥の体の各部名称
- 14 　この図鑑の見方／用語解説

15　第1章　春の鳥たち

　　　コチドリ／ウミウ ─── 16
　　　ムネアカタヒバリ／コウライキジ／メダイチドリ ─── 17
　　　ヤブサメ／ヤマショウビン／シロハラトウゾクカモメ ─── 18
　　　ヒガラ／ヤマドリ／アオジ ─── 19
　　　ノジコ／シロチドリ／ツバメチドリ／キリアイ ─── 20
　　　アカマシコ／ヒメコウテンシ／オオタカ ─── 21
　　　ホオアカ／ミソサザイ／エゾムシクイ ─── 22
　　　イカルチドリ／オオメダイチドリ／オオチドリ／イナバヒタキ ─── 23
　　　イワツバメ／コウライウグイス／アマサギ ─── 24
　　　ノゴマ／エゾビタキ／ツツドリ／オウチュウ ─── 25
　　　オオアジサシ／オオコノハズク／ハシボソミズナギドリ／アカガシラサギ ─── 26
　　　サンショウクイ／シラコバト／オオルリ／コルリ ─── 27
　　　マミジロキビタキ／マミジロ／オジロトウネン ─── 28
　　　ヒバリシギ／ヒメイソヒヨ／ホシガラス ─── 29
　　　ツルクイナ／トウネン／カラスバト／タカブシギ ─── 30
　　　カラフトムシクイ／カラフトムジセッカ／ハマシギ／キビタキ ─── 31
　　　キマユホオジロ／キマユムシクイ／アカエリヒレアシシギ／メリケンキアシシギ ─── 32
　　　トラフズク／セイタカシギ／コアオアシシギ ─── 33
　　　イソシギ／ウズラシギ／オオソリハシシギ／オグロシギ ─── 34
　　　オバシギ／キアシシギ／キョウジョシギ／コオバシギ／コシャクシギ／サルハマシギ ─── 35
　　　ソリハシシギ／ソリハシセイタカシギ／ツルシギ／チュウシャクシギ ─── 36
　　　ゴジュウカラ／クロウタドリ／クロツグミ ─── 37
　　　クロトウゾクカモメ／ケリ／コシアカツバメ ─── 38
　　　ズグロチャキンチョウ／シロハラホオジロ／ズグロカモメ／ダイゼン ─── 39
　　　コゲラ／コサメビタキ／ホトトギス／センダイムシクイ／シマアジ／レンカク ─── 40
　　　コブハクチョウ／コマドリ／チョウゲンボウ／サメビタキ ─── 41
　　　オジロビタキ／フルマカモメ／チシマウガラス／マミチャジナイ／ムギマキ／ヤマセミ ─── 42

43　第2章　夏の鳥たち

　　　ウミガラス／イワヒバリ ─── 44
　　　アカアシミズナギドリ／シロアジサシ／ササゴイ／ブッポウソウ ─── 45

アオバズク／アナドリ／アリスイ ―― 46
オオセグロカモメ／オオトウゾクカモメ／チゴハヤブサ／アオバト ―― 47
ウグイス／チゴモズ／アカエリカイツブリ／カンムリカイツブリ ―― 48
タマシギ／クマゲラ／オオジシギ／オオジュリン ―― 49
ショウドウツバメ／ハリオアマツバメ／ヒメアマツバメ／アマツバメ ―― 50
ヒクイナ／オオヨシキリ／カッコウ／カヤクグリ ―― 51
ヨタカ／ギンザンマシコ／ツミ ―― 52
アオゲラ／オオセッカ／ビンズイ／ベニマシコ ―― 53
エゾセンニュウ／シマセンニュウ／マキノセンニュウ／ハチクマ ―― 54
ライチョウ／コジュリン／コノハズク／サンコウチョウ／シマアオジ／シマフクロウ ―― 55
ケイマフリ／コアカゲラ／コアジサシ／ウトウ ―― 56
コヨシキリ／ハイイロミズナギドリ／ハイタカ／サンカノゴイ ―― 57
ミサゴ／メボソムシクイ／ノビタキ／ヤマゲラ／ヨシゴイ／ヤイロチョウ ―― 58

59　第3章　秋の鳥たち

アオアシシギ ―― 60
アカアシシギ／オオハシシギ／ムナグロ ―― 61
クロハラアジサシ／ハシブトアジサシ／オニアジサシ ―― 62
ヘラシギ／アカアシチョウゲンボウ／ハジロコチドリ／アジサシ ―― 63
イヌワシ／トキ／キクイタダキ／セジロタヒバリ ―― 64
オナガミズナギドリ／ホウロクシギ／オオミズナギドリ ―― 65
ダイシャクシギ／エトピリカ／カラフトアオアシシギ／キバシリ ―― 66
クロサギ／コウノトリ／キョクアジサシ／ハイイロヒレアシシギ ―― 67
ノドアカツグミ／マミジロタヒバリ／ツメナガセキレイ／ヤマシギ ―― 68

69　第4章　冬の鳥たち

オオアカゲラ ―― 70
オオバン／ハクガン／サカツラガン ―― 71
オオハクチョウ／マガン／ハマヒバリ／ウミバト ―― 72
ミヤマホオジロ／クロトキ／アラナミキンクロ ―― 73
アオシギ／オオアシシギ／ミユビシギ ―― 74
クサシギ／タシギ／コハクチョウ／ウミスズメ ―― 75
アカハラ／ユキホオジロ／ハギマシコ／ハシブトガラ ―― 76
アカハジロ／ビロードキンクロ／アメリカヒドリ／イカル／イワミセキレイ／ウミアイサ ―― 77
オオワシ／オジロワシ／カラフトワシ／コウライアイサ ―― 78
ヒレンジャク／オオノスリ／クマタカ ―― 79
トウゾクカモメ／ワシカモメ／シロカモメ／セグロカモメ ―― 80
エゾライチョウ／オオカラモズ／オオマシコ／オオモズ／カケス／カナダヅル ―― 81
チュウヒ／ハイイロガン／ハイイロチュウヒ ―― 82
カリガネ／カワアイサ／カワガラス／キレンジャク／キンクロハジロ／クロジ ―― 83
クロツラヘラサギ／クロヅル／ケアシノスリ／ソデグロヅル／コミミズク／シロフクロウ ―― 84
マナヅル／ベニヒワ／ウソ ―― 85
オナガガモ／オカヨシガモ／メジロガモ／コオリガモ ―― 86
コガモ／シノリガモ／ツクシガモ／クロガモ／ヨシガモ／シジュウカラガン ―― 87

ホシハジロ／モモイロペリカン／トラツグミ／ナベコウ ─── 88
ホシムクドリ／アカツクシガモ／ハヤブサ／ヒシクイ ─── 89
コチョウゲンボウ／チフチャフ／ツリスガラ／トモエガモ ─── 90
ニシオジロビタキ／ニュウナイスズメ／ナベヅル／ミコアイサ ─── 91
ワタリガラス／ミヤコドリ／ミヤマガラス／ハシブトウミガラス ─── 92
アネハヅル／アビ／ミツユビカモメ ─── 93
シロハラ／コイカル／コウミスズメ／コクガン ─── 94
アホウドリ／コアホウドリ／クロアシアホウドリ／シロエリオオハム ─── 95
ツノメドリ／ベニバト／マヒワ／エトロフウミスズメ／コクマルガラス／ツメナガホオジロ ─── 96
ツグミ／オガワコマドリ／ウミオウム ─── 97
カシラダカ／カラムクドリ／タヒバリ ─── 98
シメ／タカサゴモズ／クイナ／ノハラツグミ／オオハム／スズガモ ─── 99
カタグロトビ／アトリ／ヘラサギ／アカハシハジロ ─── 100
ハジロカイツブリ／ミミカイツブリ／カモメ／カナダカモメ ─── 101
イスカ／ヒメウ／タゲリ ─── 102

103　第5章　身近な鳥たち

アオサギ／チュウサギ／エナガ／オシドリ ─── 104
キジバト／フクロウ ─── 105
ノスリ／ハシブトガラス／ムクドリ ─── 106
カルガモ／カワセミ／キジ／オナガ ─── 107
コガラ／イソヒヨドリ／シジュウカラ／スズメ ─── 108
カワウ／ダイサギ／コジュケイ／コムクドリ ─── 109
セッカ／タンチョウ／ツバメ／トビ ─── 110
ハシボソガラス／ヒヨドリ／ルリビタキ／アカゲラ ─── 111
ホオジロ／キセキレイ／マガモ／モズ／ハクセキレイ／バン ─── 112
ウミネコ／カイツブリ／ヒバリ ─── 113
カワラヒワ／ゴイサギ／ジョウビタキ／コサギ／メジロ／ヤマガラ ─── 114

115　第6章　島にいる鳥たち

ヤンバルクイナ ─── 116
リュウキュウヨシゴイ／ノグチゲラ／リュウキュウコノハズク ─── 117
リュウキュウツバメ／ギンムクドリ／シロガシラ ─── 118
アカヒゲ／イイジマムシクイ／ズグロミゾゴイ／アカコッコ ─── 119
キガシラセキレイ／エリグロアジサシ／メグロ／ムラサキサギ ─── 120
ベニアジサシ／ルリカケス／カツオドリ ─── 121
マミジロアジサシ／クロアジサシ／シロハラクイナ／ズアカアオバト ─── 122
カラアカハラ／カンムリワシ／キンバト／ハシグロヒタキ ─── 123
ミフウズラ／ミゾゴイ／アオツラカツオドリ／ヤツガシラ／アカアシカツオドリ／ウチヤマセンニュウ ─── 124

125　INDEX

この図鑑の見方

❶ 紹介する鳥の名前

❷ 生息地及び生態の種類を示すアイコン

- 🌳 山野に生息
- 🏢 市街地に生息
- 🌊 水辺に生息
- 夏 夏鳥
- 冬 冬鳥
- 旅 旅鳥
- 留 留鳥
- 迷 迷鳥
- 漂 漂鳥

❸ 紹介する鳥に関するデータ
「生息地」は日本で見られる地域を記したもの。ただし、時期によって各地へ移動する鳥は「〜に渡来」と記載する。

❹ 見分けのPOINT
その鳥をひと目で見分けられる特徴を記載する。

❺ 紹介する鳥に関する話題のコラム

用語解説

用語	よみがな	説明文
夏鳥	なつどり	4〜5月に繁殖のために渡来し、8〜10月に越冬のため渡去する鳥
冬鳥	ふゆどり	10〜12月に越冬のために渡来し、2〜4月に渡去する鳥
旅鳥	たびどり	4〜5月と9〜10月に北の繁殖地と南の越冬地への移動のために通過する鳥
留鳥	りゅうちょう	季節によって移動せず、一年を通して同じ場所に生息する鳥。一年中観察できる
迷鳥	めいちょう	悪天候などによって本来の生息地ではない場所に渡来した鳥。ごく稀に観察される
漂鳥	ひょうちょう	国内において短い渡りをする鳥。山地や寒地で繁殖し、低地や暖地で越冬する
ヒナ	ひな	孵化してから巣立ちするまでの間
幼鳥	ようちょう	巣立ちしてから第1回目の換羽するまでの間
若鳥	わかどり	第1回目の換羽後、成鳥羽になるまでの時期の鳥
成鳥	せいちょう	若鳥の時期を過ぎ、成鳥による羽色の変化が起きない年齢に達した鳥
夏羽	なつばね	繁殖期あるいはその前のつがい形成期に見られる羽色。異性の気をひくためか、冬羽よりも色が鮮やかだったり、飾り羽が生えたりすることも多い。繁殖羽ともいう
冬羽	ふゆばね	繁殖時期以外の羽色。非繁殖羽ともいう
換羽	かんう	羽毛が生え替わること。鳥類は基本的に、少なくとも年1回は全身の換羽がある
さえずり	さえずり	主に繁殖期に雄が出す声で、雌への求愛行動やほかの雄に対して自分の縄張りを宣言する役割がある
地鳴き	じなき	さえずり以外の鳴き声。警戒音や仲間とのコミュニケーションなどの役割がある。さえずりより地味なことが多い
上面	じょうめん	おおよそ目と翼を結ぶ線を境目として、頭や背、腰などの体の上側を指す
下面	かめん	おおよそ目と翼を結ぶ線を境目として、喉や胸、腹、尻などの体の下側を指す

第1章　春の鳥たち

日本のチドリ類では最小の種類
コチドリ

 夏 留

見分けのPOINT
- アイリングが黄色
- 頭頂部と背面は灰褐色で腹面は白色
- 繁殖期には「ビュビュー」と鳴く

雌成鳥とヒナ。6月撮影

第1回夏羽へ移行中の雄。3月撮影

目の周りの黄色いアイリングが特徴

日本では夏季に夏鳥として渡来し、全国で繁殖。河川の中流域の川原などに生息するが、海岸の砂丘や埋め立て地などに営巣することも。昆虫類、ミミズ類などの小動物を食餌し、繁殖期には縄張りを持つ。目の周囲に黄色いアイリングがあり、頭頂部と背面は灰褐色、腹面は白色。

DATA
- 学　名 ▶ Charadrius dubius
- 英　名 ▶ Little Ringed Plover
- 分　類 ▶ チドリ目チドリ科チドリ属
- 生息地 ▶ 全国各地
- 体　長 ▶ 16cm

鵜飼いでも使われるウ類
ウミウ

 留

見分けのPOINT
- 背面は緑色光沢のある黒色
- 「グルルル」「グァグァグァ」と鳴く
- 嘴基部周辺は羽毛がなく、白と黄色の皮膚が露出

中央が夏羽のウミウ成鳥。ほかはすべてヒメウ。4月撮影

朝日とウミウ。12月撮影

コロニーを作って集団で行動する

日本海沿岸で繁殖するウ類。断崖や島、海上の岩にコロニーを作り、群れで行動する。海に潜って魚を採餌し、親鳥は雛に餌の魚を吐き戻して与える。岩壁や岩棚の上に、枯れ草や海藻を積み重ねて皿状の巣を作る。長良川の鵜飼いに使われることでも有名。

DATA
- 学　名 ▶ Phalacrocorax capillatus
- 英　名 ▶ Japanese Cormorant
- 分　類 ▶ カツオドリ目ウ科ウ属
- 生息地 ▶ 九州以北
- 体　長 ▶ 84cm　W133cm

タヒバリに似た習性の旅鳥
ムネアカタヒバリ

成鳥夏羽。4月撮影

成鳥夏羽。3月撮影

見分けのPOINT
- 冬季には頭から背にかけて黒褐色の斑紋
- 地声は「チィー」という柔らかな声

飛び上がりながら鳴く日本で稀に見られる旅鳥

水田や湿地、海岸などに生息するタヒバリによく似た鳥。日本には稀な旅鳥として、春と秋に全国各地に渡来する。繁殖地は北極圏からカムチャッカ半島にかけて。地声は「チィー」と鳴き、雄のさえずりは美しく、空中に飛びあがりながら鳴く。

DATA
- 学 名▶Anthus cervinus
- 英 名▶Red-throated Pipit
- 分 類▶スズメ目セキレイ科タヒバリ属
- 生息地▶全国各地
- 体 長▶15〜16cm

外来種から野生化
コウライキジ

成鳥。9月撮影

見分けのPOINT
- 首に白い輪
- 胸から腹が橙褐色
- 上背と脇が黄褐色

一夫多妻のハーレムを形成

中国と東アジアが原産の外来種で、昭和初期に狩猟鳥として北海道に放鳥された結果、野生化。日本固有種のキジは緑や青系の色を持つが、コウライキジは橙褐色や黄褐色の明るい色を持ち、非常に目立つ。「ケェーン、ケェーン」としわがれ声で鳴く。

DATA
- 学 名▶Phasianus colchicus
- 英 名▶Common Pheasant
- 分 類▶キジ目キジ科キジ属
- 生息地▶北海道、対馬、八重山諸島
- 体 長▶雄:81cm 雌:58cm

数十羽で群れる春秋の旅鳥
メダイチドリ

雄成鳥夏羽。5月撮影

見分けのPOINT
- 夏羽では柿色の胸
- 冬羽は胸から脇が淡い褐色

干潟でゴカイ類などを食餌

干潟で数十羽の群れで観察されるチドリ類。日本には旅鳥として、4〜5月、8〜10月の春秋に渡来する。干潟ではゴカイ類を捕まえ、食餌する。海岸の岩礁にも渡来することがある。ユーラシア大陸の中東部に、局地的な繁殖地を持っている。

DATA
- 学 名▶Charadrius mongolus
- 英 名▶Lesser Sand Plover
- 分 類▶チドリ目チドリ科チドリ属
- 生息地▶全国各地
- 体 長▶20cm

第1章　春の鳥たち

日本の各地で繁殖する鳥

ヤブサメ

成鳥。4月撮影

見分けのPOINT
- 白く明瞭な眉斑を持つ
- 繁殖期に藪の中で「シシシシシシ」と鳴く

「シシシシシシ」と藪に雨が降るような声で鳴く

　夏鳥として日本に渡来し、全国各地で繁殖する。丘陵や低い山の暗い林に生息し、枝移りしながら、昆虫などを食餌する。草や木の根元などの地上に、落ち葉などを使って、椀型の巣を作り、5～7月に産卵。冬季は東南アジアなどへ渡去する。

DATA
- 学　名 ▶ Urosphena squameiceps
- 英　名 ▶ Asian Stubtail
- 分　類 ▶ スズメ目ウグイス科ヤブサメ属
- 生息地 ▶ 全国各地
- 体　長 ▶ 10.5cm

日本ではめったに見られない旅鳥

ヤマショウビン

成鳥。4月撮影

見分けのPOINT
- 嘴が太くて赤い
- 青い背中と翼の大きな白斑

川や湖沼で小動物を食餌

　日本には、主に春に渡来するカワセミ類の旅鳥。ごく少数が、対馬や南西諸島に渡来する。本州では日本海の渡りのルートになっている離島で観察されている。川や湖沼で見られ、土の崖に深さ1mほどの巣穴を掘る。

DATA
- 学　名 ▶ Halcyon pileata
- 英　名 ▶ Black-capped Kingfisher
- 分　類 ▶ ブッポウソウ目カワセミ科アカショウビン属
- 生息地 ▶ 対馬、南西諸島、日本海の島嶼
- 体　長 ▶ 30cm

自分でもちゃんと餌を獲る

シロハラトウゾクカモメ

見分けのPOINT
- 中央が長く伸びた尾羽
- トウゾクカモメより小型

成鳥夏羽。7月撮影
(撮影地：アラスカ)

鋭い尾羽が印象的

　その名の通り、腹部が白いトウゾクカモメの一種。頭部は黒く、背面、翼は灰褐色になっている。トウゾクカモメより小型で、尾羽の先が広くなっており、中央が長く伸びているのが特徴。この鳥もほかの鳥の獲物を横取りするが、自ら魚を捕ることも多い。

DATA
- 学　名 ▶ Stercorarius longicaudus
- 英　名 ▶ Long-tailed Jaeger
- 分　類 ▶ チドリ目トウゾクカモメ科トウゾクカモメ属
- 生息地 ▶ 旅鳥として主に春に海上で見られる
- 体　長 ▶ 51cm W111cm

Spring

日本でも数多く繁殖するカラ類
ヒガラ

成鳥。5月撮影

第1回冬羽。1月撮影

見分けのPOINT
- 冠羽が立ち、後頭部は白色
- 上面は青味がかった灰色や黒褐色
- 下面は淡褐色
- 「ツピン ツピン ツピン」とさえずる

針葉樹林の上部を好み冬期には山麓丘陵に移動

　日本では全国各地に周年生息する留鳥。平地、山地、亜高山帯の針葉樹林に棲む。日本のカラ類の中では最小で、スズメよりも小さい。黒い羽毛で被われた頭頂には羽毛が伸長する短い冠羽がある。食性は雑食で昆虫や果実、草木の種子を好む。木の幹の隙間に種子などを貯蔵することも。

DATA
- 学　名 ▶ Periparus ater
- 英　名 ▶ Coal Tit
- 分　類 ▶ スズメ目シジュウカラ科ヒガラ属
- 生息地 ▶ 全国各地
- 体　長 ▶ 11cm

あまり鳴かず繁殖期にドラミング
ヤマドリ

雄第1回夏羽。5月撮影

見分けのPOINT
- 雄は節目模様のある長い尾
- 雌の尾は赤褐色で先端に白斑

各地に生息するキジの仲間

　日本の特産種で、本州、四国、九州に留鳥として生息するキジ目。丘陵から低い山の、茂った林に棲み、草の葉、花、実、昆虫や小動物を食べる雑食性だ。あまり鳴かないが、繁殖期には雄が翼でドドドドという音を出し、縄張りを示す。

DATA
- 学　名 ▶ Syrmaticus soemmerringii
- 英　名 ▶ Copper Pheasant
- 分　類 ▶ キジ目キジ科ヤマドリ属
- 生息地 ▶ 本州〜九州
- 体　長 ▶ 雄:125cm 雌:55cm

疎林やカラマツ林などに広く生息
アオジ

雄成鳥。5月撮影

見分けのPOINT
- 下面が黄色い羽毛で覆われ喉が黄色い
- さえずりは「チッチョ チチチリー」

高原の代表的な鳥

　高原で観察されるホオジロ類。夏鳥として北海道から本州に渡来し、4〜7月に繁殖する。繁殖期には明るい林や草原近くの林に棲み、つがいで縄張りを持ち、地上または低木の上に椀型の巣を作る。越冬期には市街地でも観察されることがある。

DATA
- 学　名 ▶ Emberiza spodocephala
- 英　名 ▶ Black-faced Bunting
- 分　類 ▶ スズメ目ホオジロ科ホオジロ属
- 生息地 ▶ 全国各地
- 体　長 ▶ 16cm

第1章 春の鳥たち

日本固有のホオジロ類 　夏　旅

ノジコ

見分けのPOINT
- 体上面に暗褐色の縦縞
- 目の周りが白い
- 2本の白色翼帯

雄成鳥。4月撮影

黄緑色で目の上下に白いアイリング

夏鳥として本州北部で繁殖し、冬季には中国、フィリピンで越冬する黄緑色のホオジロ類。標高1000m以下の落葉広葉樹などの明るい林に生息。眼の上下に白いアイリングと、青みがかった灰色の嘴を持つ。

DATA
- 学　名 ▶ Emberiza sulphurata
- 英　名 ▶ Yellow Bunting
- 分　類 ▶ スズメ目ホオジロ科ホオジロ属
- 生息地 ▶ 本州中部以北
- 体　長 ▶ 14cm

川の下流以下の岸や海岸に生息 　夏　旅　留

シロチドリ

見分けのPOINT
- 上面は灰褐色で下面は白い羽毛
- 額が白い羽毛で覆われている
- 眼上部に入る眉状の眉斑が白色

雄成鳥夏羽。3月撮影

海辺で観察されるチドリ類

日本では九州以北で繁殖し、北海道では夏鳥、本州以南では留鳥。繁殖期には海岸の砂礫地や干拓地の砂地にコロニー状に営巣し、非繁殖期には大きな群れで干潟や砂浜で生活する。餌を目で追って探し、採餌するのはチドリ類の特徴である。

DATA
- 学　名 ▶ Charadrius alexandrinus
- 英　名 ▶ Kentish Plover
- 分　類 ▶ チドリ目チドリ科チドリ属
- 生息地 ▶ 全国各地
- 体　長 ▶ 17cm

ツバメのような尾羽や翼を持つチドリ 　夏　旅

ツバメチドリ

見分けのPOINT
- 上雨覆は灰褐色で下雨覆は赤色
- 「V」字状の長い尾羽
- 繁殖時には「クリリリリ」と警戒音で鳴く

成鳥夏羽。4月撮影

小石や貝を敷いた巣を作る

ツバメやアジサシに似た体形を持つチドリ類。日本には稀に渡来する旅鳥だが、夏鳥として日本国内での繁殖例もある。川原や埋め立て地などで繁殖する。上雨覆は灰褐色で、下雨覆は赤色。尾羽は長く、「V」字状をしている。

DATA
- 学　名 ▶ Glareola maldivarum
- 英　名 ▶ Oriental Pratincole
- 分　類 ▶ チドリ目ツバメチドリ科ツバメチドリ属
- 生息地 ▶ 本州以南
- 体　長 ▶ 25cm

近年では渡来数が減少するシギ類 　旅

キリアイ

見分けのPOINT
- 夏羽は上面が黒褐色で白色や赤褐色の羽縁
- 黄白色のV字斑
- 黒色の嘴の先端部がわずかに下に曲がる

夏羽。4月撮影

春に渡来することは稀

日本には春秋に渡来する旅鳥だが、数は多くない。干潟や河口、砂浜、水田等に生息し、貝類や甲殻類を食べる。夏羽は上面が黒褐色で白色や赤褐色の羽縁。黄白色のV字斑がある。嘴は黒色で幅が広く、先端部は下にわずかに曲がる。

DATA
- 学　名 ▶ Limicola falcinellus
- 英　名 ▶ Broad-billed Sandpiper
- 分　類 ▶ チドリ目シギ科キリアイ属
- 生息地 ▶ 全国各地に渡来
- 体　長 ▶ 17cm

稀な旅鳥として見られるアトリの仲間
アカマシコ

雄成鳥。5月撮影（撮影地：モンゴル）

見分けのPOINT
- 雄は頭部から喉、胸が赤色
- 雌は体上面と喉にかけて緑色がかった褐色
- 「ピィー」「チィー」「フィー」と鳴く

平地から山地の林などに生息

　日本では稀な旅鳥として、主に日本海側の島嶼で観察されるアトリの仲間で、平地から山地の林などに生息して種子や果実を食べる。雄は頭部から喉、胸にかけて赤色で、雌は体上面と喉にかけて緑色がかった褐色。

DATA
- 学　名 ▶ Carpodacus erythrinus
- 英　名 ▶ Common Rosefinch
- 分　類 ▶ スズメ目アトリ科オオマシコ属
- 生息地 ▶ 北海道、本州、四国、九州
- 体　長 ▶ 14cm

スズメより小さいヒバリの仲間
ヒメコウテンシ

成鳥。4月撮影

見分けのPOINT
- 背中や羽の上面が濃い褐色
- 胸の両脇に黒褐色の縦斑
- 地鳴きは「ジュッ ジュッ」「チッチョチリリ」

胸の黒褐色の縦斑が目印

　日本では稀な旅鳥または冬鳥として渡来する小型のヒバリ類。日本海側の島嶼で、ほぼ毎年観察される。畑や埋め立て地に生息し、昆虫類や植物の実を食べる。背中や羽の上面が濃い褐色で、胸の両脇にはっきりした縦斑を持っている。

DATA
- 学　名 ▶ Calandrella branchydactyla
- 英　名 ▶ Greater Short-toed Lark
- 分　類 ▶ スズメ目ヒバリ科ヒメコウテンシ属
- 生息地 ▶ 日本海側の海岸、草原、農耕地
- 体　長 ▶ 14cm

近年、数を急速に回復させた希少動物
オオタカ

幼鳥。1月撮影

雌成鳥とヒナ。5月撮影

見分けのPOINT
- 背面は青みがかった薄墨色で、下面は黒い細かい横斑が一面にある
- 白い眉斑と黒い眼帯を持つ

大空を猛々しく羽ばたく日本の鷹類の代表種

　九州北部以北で繁殖する留鳥で、平地から山岳地帯にかけて生息している猛禽類。一部のオオタカは、越冬のため、低地、暖地へ移動する。急降下は時速130kmにも達し、中小型の鳥類や小型哺乳類を捕食する。一時は生息地の開発などが原因で絶滅の恐れもあり、国内希少野生動植物種に指定されたが、近年、数を急速に回復させた。

DATA
- 学　名 ▶ Accipiter gentilis
- 英　名 ▶ Northern Goshawk
- 分　類 ▶ タカ目タカ科ハイタカ属
- 生息地 ▶ 全国各地
- 体　長 ▶ 雄：50cm 雌：58.5cm

第1章　春の鳥たち

草丈の低い草原に棲むホオジロの仲間　 夏 冬

ホオアカ

見分けのPOINT
- 赤褐色の頬の斑紋
- 胸部に黒と赤褐色の横帯が1対ずつ
- 腹面は白く体側面には褐色の縦縞

雄成鳥。5月撮影

名前の通りに赤い頬

　日本では北海道と本州中部以北で繁殖し冬は西日本で越冬するホオジロ類。胸に黒と赤褐色の横帯が1対ずつあり、側頭部の赤褐色の斑紋が和名の由来となっている。関東地方では、近年、平地の川原などでの繁殖が観察されている。

DATA
- 学　名 ▶ Emberiza fucata
- 英　名 ▶ Chestnut-eared Bunting
- 分　類 ▶ スズメ目ホオジロ科ホオジロ属
- 生息地 ▶ 北海道～九州
- 体　長 ▶ 16cm

早春から美しいさえずりを始める　 夏 留

ミソサザイ

見分けのPOINT
- 全身が茶褐色
- 体の上面と翼に黒褐色の横斑
- 「チョツィツィツ ツィツーペチルルル」とさえずる

全身に細かい小さな白斑がある。5月撮影

日本の野鳥の中でも最小種

　日本では大隅諸島以北に周年生息する留鳥。九州以北の山地の谷川沿いの林で繁殖。茂った薄暗い森林の中に生息し、倒木の下にもぐって虫を採食する。日本の野鳥の中でも最小種の1つだが、小さな体に似合わず大きな美声で長くさえずる。

DATA
- 学　名 ▶ Troglodytes troglodytes
- 英　名 ▶ Winter Wren
- 分　類 ▶ スズメ目ミソサザイ科ミソサザイ属
- 生息地 ▶ 全国各地
- 体　長 ▶ 10～11cm

外形だけでは、見分けが難しい　 夏 旅

エゾムシクイ

見分けのPOINT
- ほかのムシクイ類よりも背面に茶色味があり下面に黄色味がない
- 「ヒィーチィキー」と高く澄んだ声で鳴く

成鳥。9月撮影　　成鳥。5月撮影

ガの幼虫などを食餌するムシクイ類の仲間

　日本には夏鳥として渡来し、本州、北海道など、アジア東部の日本海周辺の狭い地域で繁殖するムシクイ類。傾斜が急な山を好み、亜高山帯の針葉樹林、山地の広葉樹林に生息する。崖のへこみなどに、蘚類（せんるい）などで出入り口のある球形の巣を作る。

DATA
- 学　名 ▶ Phylloscopus borealoides
- 英　名 ▶ Sakhalin Leaf Warbler
- 分　類 ▶ スズメ目ムシクイ科ムシクイ属
- 生息地 ▶ 全国各地
- 体　長 ▶ 12cm

イカルチドリ
川の中流より上の川原に生息 夏 留 漂

雄成鳥。4月撮影

見分けのPOINT
- 脚の色は淡い黄色
- 目の周りの黄色は細く、淡色の翼帯が出る

地面を浅く掘り営巣する
北海道から九州までの各地で繁殖するチドリ類。砂礫(されき)の川原や中州に生息。冬季には水田などにも現れ、主に昆虫などを食べる。巣は地面を浅く掘り、小石や植物片を入れたものである。和名の「イカル」は古語で「大きい、厳めしい」を意味する。

DATA
- 学 名 ▶ Charadrius placidus
- 英 名 ▶ Long-billed Plover
- 分 類 ▶ チドリ目チドリ科チドリ属
- 生息地 ▶ 九州以北。北海道では夏鳥
- 体 長 ▶ 21cm

オオメダイチドリ
南西諸島には比較的多く渡来する 旅

第1回冬羽。4月撮影

見分けのPOINT
- メダイチドリと似るが、一回り大きく、嘴と足が長い
- 夏羽では前頭部から後頭、顎から胸にかけてが橙色

干潟でカニを好んで食べる
日本には春秋に渡来する稀な旅鳥で、海岸や河口に近い干潟、砂浜に生息する。長い嘴で、主にカニを好んで食べる。メダイチドリに似ているが比べると一回り大きく、嘴と足が長い。夏羽は顎から胸にかけて橙色で、足は黄褐色。

DATA
- 学 名 ▶ Charadrius leschenaultii
- 英 名 ▶ Greater Sand Plover
- 分 類 ▶ チドリ目チドリ科チドリ属
- 生息地 ▶ 全国各地に渡来
- 体 長 ▶ 24cm

オオチドリ
中央アジアから渡来する春の旅鳥 旅 迷

雄成鳥夏羽。5月撮影(撮影地:モンゴル)

見分けのPOINT
- 雄の夏羽では、頭頂部から後頭は灰褐色で、額から顔、頸は白い
- 雄の夏羽では胸は淡い橙色で腹との境界は黒色

乾いた環境の小動物を採餌
日本へは数少ない旅鳥として、春に渡来する。乾いた環境を好み、草地、乾田、埋め立て地などに生息。活発に動き回りながら、昆虫などの小動物を採餌する。胸は淡い橙色をしており、腹との境界は黒色で、腹からの体の下面は白色。

DATA
- 学 名 ▶ Charadrius veredus
- 英 名 ▶ Oriental Plover
- 分 類 ▶ チドリ目チドリ科チドリ属
- 生息地 ▶ 主に西日本
- 体 長 ▶ 24cm

イナバヒタキ
本来は砂漠地帯に渡って越冬する 旅 迷

雄成鳥。4月撮影

見分けのPOINT
- 額から背中、肩羽が灰褐色
- 喉から腹にかけての体の下面は白っぽい
- 白い眉斑がある

迷鳥としてごく稀に日本に渡来
サバクヒタキの仲間で、日本では迷鳥として埋め立て地や河原などで非常に稀に観察される。地上を素早く走ることもある。淡褐色の眉斑があり、額から背中、肩羽にかけてが灰褐色で、体の下面は白っぽい。小さな声で「クックッ」と鳴く。

DATA
- 学 名 ▶ Oenanthe isabellina
- 英 名 ▶ Isabelline Wheatear
- 分 類 ▶ スズメ目ヒタキ科サバクヒタキ属
- 生息地 ▶ 全国各地
- 体 長 ▶ 15〜16.5cm

第1章　春の鳥たち

夏鳥として渡来し全国で繁殖する
イワツバメ

見分けのPOINT
- 黒い尾と短い尾を持つ
- 「ジュリ、ジュリ、ピィ、ピィ」と濁った声で鳴く

成鳥。5月撮影

もとは岸壁に集団で営巣

　夏鳥として渡来し、九州以北の全国で繁殖するツバメ類。もとは山地や海岸の岸壁などに集団で営巣していた種で、近年では人工建築物に営巣するものが増えてきた。主に空中を飛ぶ昆虫類を採餌。通常のツバメに比べて翼や尾が短く、腰が白色。

DATA
- 学　名▶Delichon dasypus
- 英　名▶Asian House Martin
- 分　類▶スズメ目ツバメ科イワツバメ属
- 生息地▶全国各地
- 体　長▶13cm

黄色と黒の派手なツートンカラー
コウライウグイス

見分けのPOINT
- 全身は黄色
- 翼先端と目から頭部は黒色

雄成鳥。5月撮影

「ポポプリュー」「ニーエッ」と鳴く

　広くアジアに生息する鳥で、日本への渡来は珍しい旅鳥。茂った林の中を好んで生息。日本人が思い浮かべる「ウグイス」と名がつくが、ウグイスとは別種である。目の周りから頭部にかけてと、翼の先が黒くなっており、全身黄色。

DATA
- 学　名▶Oriolus chinensis
- 英　名▶Black-naped Oriole
- 分　類▶スズメ目コウライウグイス科コウライウグイス属
- 生息地▶北海道〜九州に渡来
- 体　長▶26cm

夏場の水辺で目立つオレンジ色
アマサギ

見分けのPOINT
- 夏羽は頭と背中がオレンジ、それ以外が白色
- サギ類としては小柄な体

成鳥夏羽。4月撮影

アマサギの群れ。成鳥夏羽。4月撮影

サギ類の中でも小柄な部類

　夏鳥として本州以北の水田などに渡来し、九州以南では越冬もする。体色は夏羽がオレンジ色と白色で、冬羽は全身白色。体長は小柄で、ダイサギやコサギなど、全身が白くなるサギ類の中では最も小さい。

DATA
- 学　名▶Bubulcus ibis
- 英　名▶Cattle Egret
- 分　類▶ペリカン目サギ科アマサギ属
- 生息地▶本州以北で繁殖。九州以南では越冬
- 体　長▶51cm

ノゴマ

草原でさえずるノドの赤いヒタキ類 　夏　旅

見分けのPOINT
- 上面が緑褐色で下面が汚白色
- 体側面は褐色で、雄の喉は赤い斑紋
- 「チィーチョチョチョ」と高い声でさえずる

雄成鳥。5月撮影

雄の喉は赤い斑紋を持つ

日本では夏鳥として北海道に渡来し繁殖する。低木がまばらに生えた草原を好み、平野部の牧場などに生息。繁殖期にはつがいで縄張りを持ち、地上の草の間や低木の根元に椀型の巣を作る。上面が緑褐色で胸部から腹部にかけての下面が汚白色。

DATA
- 学　名 ▶ Luscinia calliope
- 英　名 ▶ Siberian Rubythroat
- 分　類 ▶ スズメ目ヒタキ科ノゴマ属
- 生息地 ▶ 全国各地
- 体　長 ▶ 15〜16cm

エゾビタキ

ミズキの木で観察のチャンスが多い 　旅

見分けのPOINT
- 下面に縦斑
- 大雨覆の先と三列風切の外縁が白い
- 「ツィー」と鳴く

第1回夏羽。5月撮影

秋口に観察しやすい旅鳥

旅鳥として、春秋に日本を通過するヒタキ類。渡るのは短い期間だが、数が多いので、各地で観察できる。平地から山地までの明るい林に、基本的に単独またはペアで生息し、市街地にも姿を見せる。昆虫や木の実を採餌し、特にミズキの実を好んで食べる。

DATA
- 学　名 ▶ Musicapa griseisticta
- 英　名 ▶ Grey-Streaked Flycatcher
- 分　類 ▶ スズメ目ヒタキ科サメビタキ属
- 生息地 ▶ 全国各地
- 体　長 ▶ 14.5〜15cm

ツツドリ

竹筒をたたくように鳴く鳥 　夏

成鳥。5月撮影

見分けのPOINT
- 胸の横斑が太い
- カッコウとホトトギスの中間の大きさ

見分けるポイントは胸の横斑の太さ

九州以北の森林に渡来する夏鳥。類似種のホトトギスより大きく、カッコウよりやや小さい。基本的に青灰色だが、赤褐色の個体も稀にいる。竹筒をたたいたような「ポポッ、ポポッ」というくぐもった鳴き声が名前の由来。

DATA
- 学　名 ▶ Cuculus optatus
- 英　名 ▶ Oriental Cuckoo
- 分　類 ▶ カッコウ目カッコウ科カッコウ属
- 生息地 ▶ 九州以北
- 体　長 ▶ 32cm

オウチュウ

逆Y字型の長い尾が特徴の美しい鳥 　旅　迷

見分けのPOINT
- 全身が青みがかった黒色
- 尾は長く先端が逆Y字に割れている
- 「ジーッ」「ジェー」と濁った声で鳴く

成鳥。4月撮影

昆虫をフライングキャッチ

日本では数少ない旅鳥として、日本海の島部や南西諸島で春に観察される。開けた森や田畑の上空で昆虫類を捕食する。金属光沢を持つ美しい黒色の羽と、ほっそりした体を持つ。また、尾は長く、先端が逆Y字に割れている。

DATA
- 学　名 ▶ Dicrurus macrocercus
- 英　名 ▶ Black Drongo
- 分　類 ▶ スズメ目オウチュウ科オウチュウ属
- 生息地 ▶ 全国各地の島、南西諸島
- 体　長 ▶ 27〜29cm

第1章 春の鳥たち

ロックンローラーな海鳥
オオアジサシ

見分けのPOINT
- 後頭部の逆立った冠羽
- 嘴は淡黄色
- 尾端が翼端を越えない

成鳥夏羽。4月撮影

潮風に冠羽をなびかせ海原を飛ぶ

南西諸島、尖閣諸島、小笠原諸島などの孤島に生息している。稀に本州、四国、九州に現れることも。ウミネコと同じくらいの大きさで、頭上から後頭部にかけて黒く、後頭部の冠羽がトゲトゲに逆立っており、「ギィィー」「クリー、クリー」などと鳴く。

DATA
- 学 名 ▶ Sterna bergii
- 英 名 ▶ Greater Crested Tern
- 分 類 ▶ チドリ目カモメ科アジサシ属
- 生息地 ▶ 南西諸島、尖閣諸島、小笠原諸島
- 体 長 ▶ 43〜53cm

全国に生息するフクロウ類
オオコノハズク

見分けのPOINT
- 体色は褐色、灰色、黒色の複雑で細かい斑
- 後ろ側に灰白色の斑を持つ
- 繁殖期に雄は「ウォッウォ」と続けて鳴く
- 「ミャ〜オ」と猫のような地鳴きも発する

成鳥。5月撮影

橙色の大きな目が印象的

北海道では夏鳥として渡来し、それ以外の地域では全国に留鳥として生息するフクロウ類。夜行性で、ネズミなどの哺乳類や鳥類、昆虫などを捕食。昼間は、平地から山地の林や竹林などで休息をしている。繁殖期には、つがいで縄張りを持つ。

DATA
- 学 名 ▶ Otus lempiji
- 英 名 ▶ Collared Scops Owl
- 分 類 ▶ フクロウ目フクロウ科コノハズク属
- 生息地 ▶ 小笠原諸島を除く全国各地
- 体 長 ▶ 24〜25cm

1年で累計約32000kmも移動
ハシボソミズナギドリ

見分けのPOINT
- 全身ほぼ黒褐色
- 嘴と足が黒っぽい

幼鳥。5月撮影

全身がほぼ黒褐色のミズナギドリ類

オーストラリアやタスマニアで繁殖。非繁殖期は北上し、日本近海でほぼ周年観察される。黒褐色の嘴はほかのミズナギドリより細く短い点が名前の由来。海に潜って魚やイカを採餌する。全身ほぼ黒褐色。

DATA
- 学 名 ▶ Puffinus tenuirostris
- 英 名 ▶ Short-tailed Shearwater
- 分 類 ▶ ミズナギドリ目ミズナギドリ科ハイイロミズナギドリ属
- 生息地 ▶ 全国各地の海上
- 体 長 ▶ 42cm

漢字で書くと「赤頭鷺」
アカガシラサギ

見分けのPOINT
- 胴体は白いが頭部は褐色
- 嘴の先端が青い

成鳥夏羽。4月撮影

サギの仲間だけど白くない

夏に中国大陸で繁殖し、全国に渡来する冬鳥。日本での繁殖例も確認されているサギ類。河川や湿原、水田など水辺に生息する。その名の通り、繁殖期の夏になると頭部から首にかけて赤褐色に変色するため、ほかのサギと見分けやすい。

DATA
- 学 名 ▶ Ardeola bacchus
- 英 名 ▶ Chinese Pond Heron
- 分 類 ▶ ペリカン目サギ科アカガシラサギ属
- 生息地 ▶ 本州以南
- 体 長 ▶ 45cm

Spring

「ピリピリ」と山椒が辛いと鳴く 🌳 夏 留

サンショウクイ

雄成鳥。5月撮影

見分けのPOINT
- 背面が灰色で腹面は白色
- 翼は黒色で風切羽の基部は白色
- 雄は頭部が黒色、雌は灰色

本州以南で繁殖する夏鳥

日本では夏鳥として渡来し、本州以南で繁殖する。奄美大島から琉球諸島には、亜種リュウキュウサンショウクイが留鳥として生息する。1000m以下の山地、丘陵、平地の落葉広葉樹林で小規模な群れを形成する。秋期に渡りを行う前には、大規模な群れを形成する。

DATA
- 学　名 ▶ Pericrocotus divaricatus
- 英　名 ▶ Ashy Minivet
- 分　類 ▶ スズメ目サンショウクイ科サンショウクイ属
- 生息地 ▶ 本州、四国、九州、南西諸島
- 体　長 ▶ 20cm

童謡『鳩ぽっぽ』のモチーフといわれる 🌳 🏠 留 迷

シラコバト

成鳥。5月撮影

見分けのPOINT
- 全身が灰褐色で背と尾は褐色味
- 黒い初列風切に白い尾羽
- 首の後ろに白線に囲まれた黒い線を持つ

天然記念物で埼玉県の県鳥

天然記念物に指定された淡い灰褐色のハト類。埼玉県を中心とした関東平野の一部に留鳥として生息、繁殖する。南西諸島や対馬、岡山県、石川県などでは野生種の記録がある。江戸時代に移入された。人家が点在するような農耕地に暮らし、穀物や昆虫を食べる。

DATA
- 学　名 ▶ Streptopelia decaocto
- 英　名 ▶ Eurasian Collared Dove
- 分　類 ▶ ハト目ハト科キジバト属
- 生息地 ▶ 埼玉県、千葉県、茨城県
- 体　長 ▶ 32cm

美しい声で鳴く、鮮やかな青い鳥 🌳 夏

オオルリ

雄成鳥（左）と雌成鳥（右）。5月撮影

見分けのPOINT
- 雄の背中は尾も含め光沢のある瑠璃色
- 尾の基部には左右に白斑
- 美しい声で「ピリーリー、ジィ、ジィ」と鳴く

法律により愛玩飼養は禁止

日本には、夏鳥として渡来するヒタキの仲間で、日本三鳴鳥のひとつ。谷沿いのよく茂った森林などに生息し、岩壁や土壁のくぼみなどに苔を用いて営巣する。国際自然保護連合の絶滅危惧種の軽度懸念の指定を受けている。

DATA
- 学　名 ▶ Cyanoptila cyanomelana
- 英　名 ▶ Blue-and-white Flycatcher
- 分　類 ▶ スズメ目ヒタキ科オオルリ属
- 生息地 ▶ 北海道～九州
- 体　長 ▶ 16～16.5cm

笹薮でさえずる青い鳥 🌳 夏 旅

コルリ

雄成鳥。5月撮影

見分けのPOINT
- 雄の上面は暗青色で下面が白色

体上面が光沢のある暗青色

日本には夏鳥として、本州中部以北と北海道の山地に渡来し繁殖。笹薮のある落葉広葉樹林などに生息し、群れは形成せず単独で生活する。主に昆虫類やクモなどを食餌。繁殖時期にはつがいで生活し、雄は低木の枝でさえずり縄張りを示す。

DATA
- 学　名 ▶ Luscinia cyane
- 英　名 ▶ Siberian Blue Robin
- 分　類 ▶ スズメ目ヒタキ科ノゴマ属
- 生息地 ▶ 九州以北
- 体　長 ▶ 14cm

第1章　春の鳥たち

白い眉斑を持つキビタキの仲間
マミジロキビタキ

第1回夏羽の雄。5月撮影

見分けのPOINT
- 眉斑と翼の斑は白色
- 雄の上面は黒色で翼に白斑
- 「チョイチピー」などとさえずる

第1回夏羽の雄。5月撮影

数が少なく単独で観察

日本では稀な旅鳥として主に日本海側に渡来するキビタキの仲間。白い眉斑が名前の由来。数は少なく、単独で観察される例が多い。森林に生息し、枝の上を動き回って昆虫類、節足動物などを食べる。時々、餌をフライングキャッチもする。

DATA
- 学名 ▶ Ficedula zanthopygia
- 英名 ▶ Yellow-rumped Flycatcher
- 分類 ▶ スズメ目ヒタキ科キビタキ属
- 生息地 ▶ 日本海の島嶼やトカラ列島
- 体長 ▶ 13cm

主に落葉広葉樹林に生息
マミジロ

雄成鳥。4月撮影

見分けのPOINT
- 眼上部に白い眉斑
- 雄は全身が黒い羽毛
- 雌は上面が緑褐色で下面が淡褐色

白い眉を持った黒い森の鳥

日本では夏鳥として渡来して、北海道と本州の山地で繁殖。落葉広葉樹林や混合林に生息。繁殖期にはつがいで縄張りを持ち、雄は樹上に枯葉や枝などでお椀状の巣を作る。眼上部の白い眉状の斑紋が名前の由来。鳴き声は「キョロン、ツー」。

DATA
- 学名 ▶ Zoothera sibirica
- 英名 ▶ Siberian Thrush
- 分類 ▶ スズメ目ヒタキ科トラツグミ属
- 生息地 ▶ 全国各地
- 体長 ▶ 23cm

シギの仲間で最小サイズのグループ
オジロトウネン

成鳥夏羽へ移行中。4月撮影

見分けのPOINT
- 体の上面が灰褐色で赤褐色と黒色の斑を持つ
- 尾の両端は白く、足が黄緑色
- 細い声で「チュリリリ」と鳴く

雄と手分けして抱卵

日本には旅鳥、または冬鳥として渡来する小型のシギ類。主に甲殻類、昆虫などを食べる。雌は2巣分の卵を産み、雄と手分けして並行して抱卵するのが特徴。体の上面が灰褐色で赤褐色と黒色の斑を持ち、尾の両端が白色。

DATA
- 学名 ▶ Calidris temminckii
- 英名 ▶ Temminck's Stint
- 分類 ▶ チドリ目シギ科オバシギ属
- 生息地 ▶ 全国各地
- 体長 ▶ 14.5cm

ヒバリシギ
南西諸島では多数が越冬 　冬　旅

成鳥冬羽。3月撮影

見分けのPOINT
- 頭から背、羽が赤褐色で白く太い眉斑がある
- 喉から下の体の下面は白色

夏羽では背にV字形の白線

　日本では、春秋に全国的に旅鳥として渡来。淡水湿地や水田、休耕田などで1羽から数羽が観察される。頭から背、羽が赤褐色で、背中に特徴的なV字形白線がある。トウネンに似るが、嘴は細めで初列風切羽が突出しておらず、足は黄緑色。

DATA
- 学　名▶Calidris subminuta
- 英　名▶Long-toed Stint
- 分　類▶チドリ目シギ科オバシギ属
- 生息地▶全国各地
- 体　長▶14.5cm

ヒメイソヒヨ
後頭が鮮やかな青色 　旅　迷

第1回夏羽の雄。5月撮影

見分けのPOINT
- 雄の後頸と羽の一部が鮮やかな青
- 雄の下面に黒褐色の鱗模様
- 「フィチョフィー」と鳴く

明るい林や林の縁に生息

　日本へは迷鳥として日本海側の小島に渡来。大型ツグミ類と同じく林内で生活するが、体はイソヒヨドリより一回り小さい。雄の頭上から後頸、羽の一部はきれいなコバルトブルー。雄は体の下面に鱗状斑が連なっており、トラツグミにも似ている。

DATA
- 学　名▶Monticola gularis
- 英　名▶White-throated Rock Thrush
- 分　類▶スズメ目ヒタキ科イソヒヨドリ属
- 生息地▶本州、九州、八重山諸島
- 体　長▶18.5cm

ホシガラス
星空のような斑点を持つカラスの仲間 　留　漂

成鳥。7月撮影

見分けのPOINT
- 全体的にチョコレートのような黒茶色
- 白い斑点が縞をなし、星空のように見える
- 繁殖期には「ケケッ」と鳴く

成鳥。5月撮影

高い山に棲み広く繁殖するチョコレート色の留鳥

　日本では四国以北の高山帯から亜高山帯に生息する留鳥。黒い体一面に星のような白斑を持つ。餌は針葉樹の種子など。これらの木の実を苔の間などに蓄える習性があり、冬の間、雪の中から掘り出して食べる。冬期は、やや低地に降りてくる。

DATA
- 学　名▶Nucifraga caryocatactes
- 英　名▶Spotted Nutcracker
- 分　類▶スズメ目カラス科ホシガラス属
- 生息地▶北海道、本州、四国
- 体　長▶35cm

第1章　春の鳥たちたち

額から頭頂が赤いクイナ類

ツルクイナ

見分けのPOINT
- 嘴が黄色く額板が赤い（雄夏羽）
- 全身黒褐色（雄夏羽）
- 繁殖期には「クポンクポン」と鳴く

雄成鳥夏羽。5月撮影

昆虫や草の実を食べる雑食性

　沖縄県南部に留鳥として草地に生息する。雑食でバッタなどの昆虫のほか、草の実を食べる。雄の夏羽では嘴が黄色で額から頭頂にかけてが赤い。雌より雄の方が大きく、雄の夏羽は黒褐色で外縁は淡黄褐色。腹部には灰色の横縞がある。

DATA
- 学　名 ▶ Gallicrex cinerea
- 英　名 ▶ Watercock
- 分　類 ▶ ツル目クイナ科ツルクイナ属
- 生息地 ▶ 本州、四国、九州、琉球諸島
- 体　長 ▶ 40cm

「今年生まれたもの」との和名を持つ

トウネン

見分けのPOINT
- 夏羽は顔と胸、背、羽縁が赤褐色
- 足が黒い
- 「チュリリリ」と小声で鳴く

成鳥夏羽。5月撮影

夏羽は顔や胸が赤褐色になる

　日本では春秋の旅鳥として全国に渡来する小型のシギ類。海岸や内陸の川岸、水田に生息し、水中で採食する。餌は小型の甲殻類などを好む。足が黒色。夏羽は顔と胸、背と羽縁が赤褐色になる。「チュリリリ」と小さな声で鳴く。

DATA
- 学　名 ▶ Calidris ruficollis
- 英　名 ▶ Red-necked Stint
- 分　類 ▶ チドリ目シギ科オバシギ属
- 生息地 ▶ 全国各地
- 体　長 ▶ 15cm

小さな頭と大きな体が特徴のハトの仲間

カラスバト

見分けのPOINT
- 頭部は小型で尾羽はやや長い
- 全身は光沢のある黒色
- 嘴は淡青色や暗青色

成鳥。5月撮影

全身光沢のある黒色をした希少野生動物

　関東以西の海岸や、島嶼にある常緑広葉樹林で観察できるハトの仲間。植物食傾向の強い雑食で、果実や花、ミミズなどを食べる。開発や人為的に移入された哺乳類などに捕食され、生息数は減少。全身光沢のある黒色をしている。

DATA
- 学　名 ▶ Columba janthina
- 英　名 ▶ Japanese Wood Pigeon
- 分　類 ▶ ハト目ハト科カワラバト属
- 生息地 ▶ 本州以南の島
- 体　長 ▶ 40cm

スリムで小型のシギ類

タカブシギ

見分けのPOINT
- 背に細かい白色の斑模様
- 足が細長い
- 「ピッピッピッ」と短い声で鳴く

夏羽へ移行中の成鳥。5月撮影

繁殖期は湿地や草原に生息

　日本では春秋に旅鳥として全国的に渡来。数羽から数十羽の群れで、水田、休耕田、川岸などの湿地で観察される。昆虫や貝、オタマジャクシなどの小動物を食べる。背に細かい白色の斑模様があり、足が細長い。

DATA
- 学　名 ▶ Tringa glareola
- 英　名 ▶ Wood Sandpiper
- 分　類 ▶ チドリ目シギ科クサシギ属
- 生息地 ▶ 全国各地
- 体　長 ▶ 20cm

ムシクイ類中、最小の種
カラフトムシクイ

針葉樹林を好む。5月撮影

見分けのPOINT
- 上面は黄緑色で下面は黄白色
- 頭頂部に黄色の線がある
- 眉斑が黄色

秋に渡来する稀な旅鳥

　ムシクイ類の中では最小。日本では秋に渡来する稀な旅鳥とされている。繁殖期は針葉樹林で生活し、昆虫類、節足動物などを食べる。体の上面は黄緑色、下面は黄色がかった白色で、頭頂部に黄色の線が走っており、眉斑も黄色い。

DATA
- 学　名 ▶ Phylloscopus proregulus
- 英　名 ▶ Pallas's Leaf Warbler
- 分　類 ▶ スズメ目ムシクイ科ムシクイ属
- 生息地 ▶ 北海道西部と日本海側の島嶼に渡来
- 体　長 ▶ 9〜10cm

藪の中をせわしく動くウグイスの仲間
カラフトムジセッカ

夏羽。5月撮影

見分けのPOINT
- 上面はオリーブ褐色で下面がバフ色味
- 眉斑は前半が太く、下尾筒は黄褐色味が強い

稀な旅鳥として全国で観察

　稀な旅鳥として観察されるムシクイ類。日本海の島嶼や琉球列島などで渡りの時期に観察される。日本では平地の林、ヤブ、ヨシ原、農耕地などに生息し、昆虫を採餌する。体の上面はオリーブ褐色で翼帯がなく、下面はバフ色味を帯びている。

DATA
- 学　名 ▶ Phylloscopus schwarzi
- 英　名 ▶ Radde's Warbler
- 分　類 ▶ スズメ目ムシクイ科ムシクイ属
- 生息地 ▶ 日本海の島嶼や琉球列島など
- 体　長 ▶ 13cm

数千、数万の大群を作り行動する
ハマシギ

成鳥夏羽。5月撮影

見分けのPOINT
- 冬羽では背面が灰色
- 夏羽は腹面が黒色
- 「ビリー」と鳴く

夏羽では腹に黒い模様を持つ

　日本には旅鳥または冬鳥として全国各地に渡来する小型のシギ類。冬羽は灰白色で細かい斑模様がある。干潟や砂浜、河口、水田などに生息し、毎年同じ個体で構成された数万羽の大群を作る習性がある。

DATA
- 学　名 ▶ Calidris alpina
- 英　名 ▶ Dunlin
- 分　類 ▶ チドリ目シギ科オバシギ属
- 生息地 ▶ 全国各地
- 体　長 ▶ 21cm

全国で見られる鮮やかなヒタキ類
キビタキ

見分けのPOINT
- 雄は喉、腹部、腰が黄色
- 翼に白い斑を持つ
- 「ピッコロロ、ピッコロロ」と鳴く

雄成鳥夏羽。4月撮影

飛翔する昆虫を捕まえ食餌

　夏鳥として渡来し、山地の明るい雑木林に生息して昆虫類、節足動物を食べる。雄は喉から胸にかけてと腰が鮮やかな黄色で、繁殖期には「ピッコロロ、ピッコロロ」と軽やかにさえずる。福島県の県鳥に指定されている。

DATA
- 学　名 ▶ Ficedula narcissina
- 英　名 ▶ Narcissus Flycatcher
- 分　類 ▶ スズメ目ヒタキ科キビタキ属
- 生息地 ▶ 全国各地
- 体　長 ▶ 13.5cm

第1章　春の鳥たち

キマユホオジロ
日本海側の島嶼部に旅鳥として渡来

雄第1回夏羽。5月撮影

見分けのPOINT
- 雄の夏羽は頭部は黒く眉斑が黄色
- 背中と腰は茶褐色
- 「チッ チッ」と地鳴きする

採食を終えると茂みで休息
　日本では、春秋に稀な旅鳥として主に西日本に渡来し、平地の草地や林縁、農耕地に生息する。地上を歩きながら、草木の種子や昆虫類を食べる。雄の夏羽は頭部が黒色で頭央線は白く、名前の通り黄色の眉斑が目立つ。

DATA
- 学　名▶Emberiza chrysophrys
- 英　名▶Yellow-browed Bunting
- 分　類▶スズメ目ホオジロ科ホオジロ属
- 生息地▶北海道、本州、四国、九州
- 体　長▶15.5cm

キマユムシクイ
南西諸島などに渡来する旅鳥

カラフトムシクイに似ているが、頭央線が細く不明瞭。5月撮影

見分けのPOINT
- 体の上面は黄緑色で下面は少し黄色がかった白色
- 眉斑は黄色味を帯びた白色

ムシクイ類中では小型の種
　日本では、春秋に、主に日本海側の島嶼部や南西諸島で少数が観察される旅鳥。森林で生活し、昆虫類を主に食べる。カラフトムシクイに似ているが、頭央線が細く不明瞭。体の上面は黄緑色で、眉斑は黄色味を帯びた白色。

DATA
- 学　名▶Phylloscopus inornatus
- 英　名▶Yellow-browed Warbler
- 分　類▶スズメ目ムシクイ科ムシクイ属
- 生息地▶日本海側の島嶼や南西諸島に渡来
- 体　長▶10cm

アカエリヒレアシシギ
海上や内陸の池などに浮かぶ旅鳥

夏羽。5月撮影

見分けのPOINT
- 夏羽ではえりから首が赤褐色
- 黒く細い嘴
- 飛翔時に「ジェッ、ジェッ」と鳴くことがある

交尾や食餌を水面で行う
　日本には春秋に旅鳥として渡来する小型のヒレアシシギ類。趾にヒレを持ち、地上を歩くのはあまり得意ではない。えりから首が赤褐色で、黒く細い嘴を持つ。飛び立つときに「ジェッ、ジェッ」と濁った声を出すことがある。

DATA
- 学　名▶Phalaropus labatus
- 英　名▶Red-necked Phalarope
- 分　類▶チドリ目シギ科ヒレアシシギ属
- 生息地▶九州以北の海上
- 体　長▶18cm

メリケンキアシシギ
アラスカ東部やシベリアから渡来する

成鳥夏羽。5月撮影

見分けのPOINT
- 夏羽は体の上面が暗い灰褐色
- 嘴は黒く、足は黄色
- 「ピリリリ」「ピッピッ」と鳴く

胸から腹にかけての密な横斑がポイント
　日本では4〜5月と7〜9月ごろの春秋に渡来する旅鳥。単独または数羽で磯や岩礁などで見られる。カニやゴカイ、昆虫を食餌する。夏羽は体の上面が暗い灰褐色で、下面全体には波形の横斑がある。足は黄色い。

DATA
- 学　名▶Heteroscelus incanus
- 英　名▶Wandering Tattler
- 分　類▶チドリ目シギ科キアシシギ属
- 生息地▶太平洋側
- 体　長▶27cm

Spring

耳状の羽角を持つフクロウ類
トラフズク

見分けのPOINT
- 頭部から背面の羽毛は灰褐色で褐色の縦縞
- 腹面は黄褐色で黒褐色の縦縞
- 虹彩はオレンジ色で外耳状の羽角

幼鳥。6月撮影

体に虎のような縦縞模様を持つフクロウ

日本では九州以北で繁殖するフクロウ類。冬季は一部南へ移動する。単独もしくはつがいで生活し、針葉樹林や広葉樹林に生息する。夜行性で、小型の鳥類、小型哺乳類などを食べる。繁頭部から背面の羽毛は灰褐色で、虎のような褐色の縦縞があり、腹面は黄褐色で黒褐色の縦縞がある。虹彩はオレンジ色で、外耳状の羽角を持つ。

成鳥。5月撮影

DATA
- 学 名 ▶ Asio otus
- 英 名 ▶ Long-eared Owl
- 分 類 ▶ フクロウ目フクロウ科トラフズク属
- 生息地 ▶ 九州以北
- 体 長 ▶ 35〜37cm

ピンク色の長い足を持つシギ類
セイタカシギ

見分けのPOINT
- 足がピンク色で細長い
- 翼は灰色で首筋から腹部にかけて白色
- 「ビューイッ」と鳴く

雄成鳥夏羽。4月撮影

水中で水生昆虫などを捕食

日本では稀な旅鳥または冬鳥として渡来する。干潟、湖沼、水田などに生息。繁殖期はつがいで生活し、縄張りを持つ。ピンク色の足は極端に細長く、その長い足を活かして深い水中で水生昆虫や小魚などの小動物を捕食する。水中を泳ぐことも。

DATA
- 学 名 ▶ Himantopus himantopus
- 英 名 ▶ Black-winged Stilt
- 分 類 ▶ チドリ目セイタカシギ科セイタカシギ属
- 生息地 ▶ 全国各地
- 体 長 ▶ 37cm

日本には単独か数羽の群れで渡来
コアオアシシギ

見分けのPOINT
- 足が長く、緑がかっている
- 嘴が細く尖っている
- 夏羽は頭部から胸までは淡青灰色で細かい黒斑がある

第1回夏羽へ移行中。4月撮影

緑がかった細長い足を持つシギ類

日本には旅鳥として春秋に渡来する中型のシギ類。繁殖期には、湿地の側の草地などに生息する。長い足を利用し、深い水中で、昆虫や甲殻類、貝類などを食べる。細長い足は青というよりは黄色がかっており、嘴は細くとがっている。

DATA
- 学 名 ▶ Tringa stagnatilis
- 英 名 ▶ Marsh Sandpiper
- 分 類 ▶ チドリ目シギ科クサシギ属
- 生息地 ▶ 全国各地に渡来
- 体 長 ▶ 24cm

第1章　春の鳥たち

四季を通じて活発に水辺で採餌
イソシギ

見分けのPOINT
- 腹部の白色部が翼角の部分で翼の上に食い込んでいる
- 嘴は短く、足は黄褐色

成鳥。4月撮影

巣に近づくと擬傷を行う

　日本では各地で繁殖し、川や湖沼に生息する小型のシギ類。四季を通じて水辺を活発に歩きながら昆虫類などを食べる。岸辺の草地で、低木や草の根元を掘って営巣するが、外敵が巣に近づくと擬傷を行う。腹部の白色が肩先に食い込んで見える。

DATA
- 学　名▶Actitis hypoleucos
- 英　名▶Common Sandpiper
- 分　類▶チドリ目シギ科イソシギ属
- 生息地▶全国各地
- 体　長▶20cm

水田などで観察されるシギの仲間
ウズラシギ

見分けのPOINT
- 嘴の先が黒く、頭部とほぼ同じ長さ
- 脚は黄緑色で、頭上は赤褐色
- 飛翔中に「クリリ」「ツィーツィー」と鳴く

成鳥夏羽。4月撮影

つがいで広い縄張りを持つ

　日本には春と秋の時期、旅鳥として全国の水田や休耕田などの湿地に渡来し、浅い水中を歩きながら甲殻類や昆虫などを採餌する。雄は「クリリ」や「ツィーツィー」と鳴きながら飛びまわり、繁殖地ではディスプレー飛行をする。頭頂部が赤褐色。

DATA
- 学　名▶Calidris acuminata
- 英　名▶Sharp-tailed Sandpiper
- 分　類▶チドリ目シギ科オバシギ属
- 生息地▶全国各地
- 体　長▶21.5cm

環境省の絶滅危惧動物指定の旅鳥
オオソリハシシギ

見分けのPOINT
- 嘴が上に反りかえっている
- 夏羽は全体的に赤褐色を帯びる
- 繁殖期には「ピュピュピュ」と鳴く

成鳥夏羽。5月撮影

4～5月に渡来数が多い

　日本には、春秋の旅鳥として渡来する大型のシギ類。泥や浅い水中を歩き、特徴である上に反った長い嘴で、甲殻類やゴカイなどを食べる。夏羽は全体的に赤褐色を帯びるが、雄に比べると雌の夏羽は赤みが少ない。

DATA
- 学　名▶Limosa lapponica
- 英　名▶Bar-tailed Godwit
- 分　類▶チドリ目シギ科オグロシギ属
- 生息地▶全国各地に渡来
- 体　長▶39cm

長い嘴が特徴的なシギ類
オグロシギ

見分けのPOINT
- 嘴が長くてまっすぐ
- 腰と翼に白黒の帯が走る
- こもった声で、「ケッ」「キッ」と鳴く

成鳥夏羽。4月撮影

春と秋、全国各地に渡来

　春秋に北海道から沖縄まで全国各地に渡来する旅鳥で、繁殖期には湿地や湖沼の岸辺の草地などに小さなコロニーを形成する。長くてまっすぐな嘴を泥の中に入れ、ゴカイなどを食べる。黒い足はオオソリハシシギより細長くスリム。

DATA
- 学　名▶Limosa limosa
- 英　名▶Black-tailed Godwit
- 分　類▶チドリ目シギ科オグロシギ属
- 生息地▶全国各地に渡来
- 体　長▶38.5cm

Spring

胸の黒斑が目立つ中型のシギ類
オバシギ

成鳥夏羽。4月撮影

見分けのPOINT
● 脇に黒斑が集中している

日本では、春秋に全国で見られる旅鳥。非繁殖期には数十羽の群れを成して、干潟や河口、海岸、水田などで観察される。砂泥地ではゴカイ、甲殻類を食餌、特に貝類を好む。胸に黒い斑模様が多い。

DATA
学名 ▶ Calidris tenuirostris
英名 ▶ Great Knot
分類 ▶ チドリ目シギ科オバシギ属
生息地 ▶ 全国各地に渡来
体長 ▶ 28.5cm

黄色い短めの足を持つシギの仲間
キアシシギ

成鳥夏羽。4月撮影

見分けのPOINT
● 足が黄色く胴が長い

春秋に各地で観察される旅鳥。数羽の群れで行動することが多く、非繁殖期には、砂浜や干潟、磯、水田などに生息する。和名の通り、足が黄色く、胴が長い。夏羽は体の上面が灰褐色で、下面と眉斑と頬は白色。

DATA
学名 ▶ Heteroscelus brevipes
英名 ▶ Grey-tailed Tattler
分類 ▶ チドリ目シギ科キアシシギ属
生息地 ▶ 全国各地に渡来
体長 ▶ 25cm

派手な色彩が特徴の「京女」
キョウジョシギ

キョウジョシギの群れ。4月撮影

見分けのPOINT
● 顔にくまどりのような黒い模様

日本では、春秋に渡来する旅鳥。小石や海藻、木片などを嘴でひっくり返しながら採餌する。「キョウジョ」の名前は、茶色と黒の斑模様の夏羽が、京の女が着るような派手な色彩をしていることに由来。

DATA
学名 ▶ Arenaria interpres
英名 ▶ Ruddy Turnstone
分類 ▶ チドリ目シギ科キョウジョシギ属
生息地 ▶ 全国各地に渡来
体長 ▶ 22cm

オバシギの群れの中にまぎれ込みがち
コオバシギ

成鳥夏羽。4月撮影

見分けのPOINT
● 嘴が黒色で首がやや短め

日本には旅鳥として全国各地に渡来するが数は少ない。砂泥地で甲殻類、ゴカイ、昆虫類などを食べる。夏羽は頭部から腹までが赤褐色で、背は濃い茶褐色。嘴は黒色で、首がやや短い。「ノット ノット」と鳴く。

DATA
学名 ▶ Calidris canutus
英名 ▶ Red Knot
分類 ▶ チドリ目シギ科オバシギ属
生息地 ▶ 全国各地に渡来
体長 ▶ 24.5cm

下曲がりの嘴のシギ類
コシャクシギ

成鳥夏羽。4月撮影

見分けのPOINT
● 嘴が下に曲がっている

日本では春秋に渡来する稀な旅鳥で、嘴が下に曲がっているのが特徴。昆虫類を好んで捕食するが、植物の種子を食べることも。頭は黒褐色で、上面は黄褐色で腰から尾は淡褐色。腹部以外に細かい黒斑がある。

DATA
学名 ▶ Numenius minutus
英名 ▶ Little Curlew
分類 ▶ チドリ目シギ科ダイシャクシギ属
生息地 ▶ 西日本に多く渡来
体長 ▶ 30cm

夏羽では全身イチゴ色
サルハマシギ

成鳥夏羽。4月撮影

見分けのPOINT
● 夏羽は頭が鮮やかな赤褐色

日本では春秋に稀な旅鳥として全国各地に渡来。泥の上や浅い水中を歩き、下に曲がった長い嘴で、ゴカイなどの小動物を捕まえる。夏羽は頭部から胸、腹にかけて鮮やかな赤褐色で、眉斑が白い。

DATA
学名 ▶ Calidris ferruginea
英名 ▶ Curlew Sandpiper
分類 ▶ チドリ目シギ科オバシギ属
生息地 ▶ 全国各地に少数が渡来
体長 ▶ 21.5cm

第1章 春の鳥たち

反った嘴を持つ小型のシギ類
ソリハシシギ

見分けのPOINT
- 長く上に反った黒い嘴
- 夏羽は上面が灰褐色で下面が白色
- 「ピリピリッ」「ピーイピーイ」と鳴く

成鳥夏羽。4月撮影

変化に富む採餌行動をとる
日本では、春秋に旅鳥として各地の干潟や海に近い水田で観察される。泥地や浅い水中を動き回って採餌し、魚や昆虫、小型の甲殻類を捕食する。さまざまな採餌方法は、嘴の感覚と、視覚に頼っていると考えられている。非繁殖期は、単独か小群で生活する。

DATA
- 学　名 ▶ Xenus cinereus
- 英　名 ▶ Terek Sandpiper
- 分　類 ▶ チドリ目シギ科ソリハシシギ属
- 生息地 ▶ 全国各地
- 体　長 ▶ 23cm

頭を振りながら昆虫などを探す
ソリハシセイタカシギ

見分けのPOINT
- 細くて黒く反りあがった嘴
- 脚は青灰色
- 「ホィッ」または「クリュッ」と鳴く

第1回冬羽。4月撮影

反りあがった黒い嘴
日本には稀な旅鳥または冬鳥として渡来し、干潟や砂浜などに生息。黒くて先が反りあがった嘴を水や泥につけ、頭を左右に振りながら餌を探して甲殻類、昆虫類などを食べる。頭上から後頭部、肩羽、初列風切は黒色でそれ以外は白色。

DATA
- 学　名 ▶ Recurvirostra avosetta
- 英　名 ▶ Pied Avocet
- 分　類 ▶ チドリ目セイタカシギ科ソリハシセイタカシギ属
- 生息地 ▶ 全国各地
- 体　長 ▶ 43cm

赤い足と嘴がツルを連想させる
ツルシギ

見分けのPOINT
- 足は赤色
- 嘴は黒く下嘴の基部が赤色
- 夏羽は全体にすすけた黒色で白い羽縁

第1回夏羽へ移行中。5月撮影

長い足で深い水中でも採餌
日本には、春秋に旅鳥として全国的に渡来する。水田、川岸などの湿地に多い。水中を歩き回り、水棲昆虫やオタマジャクシなどの小動物を採餌。赤く細長い足が特徴。夏羽は全体にすすけた黒色で白い羽縁がある。背中央から腰とアイリングが白色。

DATA
- 学　名 ▶ Tringa erythropus
- 英　名 ▶ Spotted Redshank
- 分　類 ▶ チドリ目シギ科クサシギ属
- 生息地 ▶ 全国各地
- 体　長 ▶ 32cm

大きく下に反った嘴のシギ類
チュウシャクシギ

見分けのPOINT
- 黒色や白色の横斑や斑点がある
- 頭央線が淡色

成鳥夏羽。4月撮影

目元に淡色の頭央線
日本へは春秋に旅鳥として渡来するシギ類。大きく下に反った嘴でカニを捕食。繁殖期はつがいで生活し、地表に営巣。上面は黒褐色で黒色や白色の横斑や斑点がある。鳴き声は「ホィーピピピピ」。干潟や海岸などで群れでいることが多い。

DATA
- 学　名 ▶ Numenius phaeopus
- 英　名 ▶ Whimbrel
- 分　類 ▶ チドリ目シギ科ダイシャクシギ属
- 生息地 ▶ 全国各地
- 体　長 ▶ 42cm

Spring

変わった習性の小鳥
ゴジュウカラ 🌲留

成鳥。1月撮影　　　　　　　　　　　　　　　成鳥。10月撮影

見分けのPOINT
- 頭から背面が美しい背面
- 嘴はやや長く、まっすぐ

種子を木の割れ目やすき間などにはさんでつつく

　九州以北の低山から亜高山の落葉広葉樹林に生息する留鳥。北海道では平地にも生息。木に留まり、体を逆さにして幹を回りながら降りてくる習性がある。昆虫類や草木の種子を採食する。繁殖期以外は1、2羽で生活するものが多い。

DATA
- 学　名 ▶ Sitta europaea
- 英　名 ▶ Eurasian Nuthatch
- 分　類 ▶ スズメ目ゴジュウカラ科ゴジュウカラ属
- 生息地 ▶ 九州以北
- 体　長 ▶ 14cm

スウェーデンの国鳥とされる鳥 🌲🏛冬旅迷
クロウタドリ

雌成鳥。4月撮影

見分けのPOINT
- 雄は全身黒色で黄色い嘴
- 目の周りが黄色い
- 「キョッ、キョッ、ズー」と鳴く

ビートルズにも歌われたブラックバード

　日本では旅鳥、または稀な冬鳥として、西日本を中心に渡来するツグミの仲間。西表島や与那国島に多い。開けた場所を好み、公園や路上などで昆虫などを食べる。虫の少ない季節には木の実も食べる。雄は全身黒色で、目の周りと嘴が黄色い。

DATA
- 学　名 ▶ Turdus merula
- 英　名 ▶ Common Blackbird
- 分　類 ▶ スズメ目ヒタキ科ツグミ属
- 生息地 ▶ 琉球列島
- 体　長 ▶ 28cm

日本のツグミの中で最も小さい種類 🌲夏
クロツグミ

雄第1回夏羽。5月撮影

見分けのPOINT
- 下面は白地に黒斑
- 嘴と目の周りは黄色
- 「キャァ キャァ キョコ キョコ」と鳴く

北海道から沖縄まで渡来

　日本では、夏鳥で北海道〜九州以北までの山地、低山地の広葉樹林を繁殖地にする。繁殖期はつがいで縄張りを持つ。林の地面をはね歩きながら、昆虫やミミズなどを捕食する。下面が白地で黒斑があるのが特徴で、雌は脇腹に茶色味がある。

DATA
- 学　名 ▶ Turdus cardis
- 英　名 ▶ Japanese Thrush
- 分　類 ▶ スズメ目ヒタキ科ツグミ属
- 生息地 ▶ 北海道〜九州以北
- 体　長 ▶ 21.5cm

第1章 春の鳥たち

主に太平洋側の海上で観察

クロトウゾクカモメ

見分けのPOINT
- 嘴の先が鉤状に曲がっている
- 翼上面の初列風切の羽軸が白色
- 暗色型と淡色型がいる

成鳥。5月撮影

ライバルの餌を奪い取る盗賊

　本州中部以西の太平洋側の海上で観察される水鳥。その名の由来通り、ほかの水鳥や海鳥の獲物を、空中で奪い取る習性がある。全身黒褐色の暗色型と、目先から頭頂部にかけて黒褐色で、喉から頸にかけて白色の淡色型がいる。

DATA
- 学　名 ▶ Stercorarius parasiticus
- 英　名 ▶ Parasitic Jaeger
- 分　類 ▶ チドリ目トウゾクカモメ科トウゾクカモメ属
- 生息地 ▶ 太平洋側の海上
- 体　長 ▶ 44cm

犬、人などの外敵を急降下して襲う

ケリ

見分けのPOINT
- 背や翼の上面が灰褐色
- 足が黄色く長い
- 飛翔中、尾よりも足が後方に出る

第1回夏羽へ移行中。4月撮影

飛ぶと翼に見える白と黒の模様が美しい

　日本では留鳥として、近畿以北の本州に分布。北日本では夏鳥。水田、畑、河原、干潟などに生息し、昆虫類や小動物を食べる。警戒心が強く、縄張りにほかの鳥などの外敵が近付くと激しく威嚇して追い払う。黄色い足は長く、飛翔中に尾よりも足が後方に出る。

DATA
- 学　名 ▶ Vanellus cinereus
- 英　名 ▶ Grey-headed Lapwing
- 分　類 ▶ チドリ目チドリ科タゲリ属
- 生息地 ▶ 近畿以北
- 体　長 ▶ 36cm

トックリツバメと呼ぶ地方もある

コシアカツバメ

成鳥。5月撮影

見分けのPOINT
- 腰が赤褐色
- 上面は光沢がある黒色で下面に縦斑がある
- 最外側尾羽が長い

成鳥。7月撮影

市街地や農耕地などに棲む 和名の通り腰が赤いツバメ

　日本には、夏季に繁殖のため九州以北に渡来する夏鳥。市街地や農耕地などに生息し、人工建造物に営巣。土と枯れ草を材料に、とっくりを2つに割った形の巣を作る。和名の通りに腰が赤褐色で、体の上面は光沢のある黒色。下面に縦斑があり、最外側尾羽が非常に長い。

DATA
- 学　名 ▶ Hirundo daurica
- 英　名 ▶ Red-rumped Swallow
- 分　類 ▶ スズメ目ツバメ科ツバメ属
- 生息地 ▶ 全国各地
- 体　長 ▶ 19cm

Spring

雄が鮮やかなホオジロの仲間
ズグロチャキンチョウ

夏羽に移行中の雄成鳥。4月撮影

見分けのPOINT
- 頭部が黒く頸と喉からの体下面は黄色
- 「ピチィ」「フキィ」と鳴く
- 背が茶色

農耕地や草原に単独で生息

日本には稀な旅鳥または迷鳥として渡来する。平地から山地の農耕地や、灌木が点在する草原に生息。1羽で行動し、草の種子を食べる。雌や幼鳥はチャキンチョウと識別が難しい。頭部が黒色で、頸と喉からの体下面は黄色。背は茶色い。

DATA
- 学 名 ▶ Emberiza melanocephala
- 英 名 ▶ Black-headed Bunting
- 分 類 ▶ スズメ目ホオジロ科ホオジロ属
- 生息地 ▶ 日本海側、南西諸島
- 体 長 ▶ 15.5〜17.5cm

日本海側島嶼部で春に少数が観察
シロハラホオジロ

第1回夏羽の雄。5月撮影

見分けのPOINT
- 上面は灰褐色で黒褐色の縦斑
- 腰が赤褐色で体の下面が白色
- 雄夏羽は頭部に白黒の縦筋があり喉が黒色

「チッ」とやや金属的な声で鳴く

日本には稀な旅鳥として春に渡来するホオジロ類。平地の林や灌木林の藪に生息し、草木の種子や昆虫類を食べる。上面は灰褐色で黒褐色の縦斑がある。腰は赤褐色で体の下面は白色。雄の夏羽は頭部に白黒の縦筋があり、喉が黒い。

DATA
- 学 名 ▶ Emberiza tristrami
- 英 名 ▶ Tristram's Bunting
- 分 類 ▶ スズメ目ホオジロ科ホオジロ属
- 生息地 ▶ 日本海側の島嶼
- 体 長 ▶ 15cm

採餌で水中ダイビングすることも
ズグロカモメ

成鳥夏羽。3月撮影

見分けのPOINT
- 夏羽では顔と嘴と羽の先端が黒い
- 頭部が丸みを帯びている
- 嘴が短い

顔と嘴が黒いカモメ

九州で多く観察される冬鳥で、夏羽では顔と嘴と羽の先が黒いカモメ類。頭部が丸みを帯びており、嘴が短い。河口や干潟で大群で見られることがあるが、それぞれ1羽で行動し、群れで動くことはない。世界的に数は少ないが、日本への渡来数は増加傾向にある。

DATA
- 学 名 ▶ Larus saundersi
- 英 名 ▶ Saunder's Gull
- 分 類 ▶ チドリ目カモメ科カモメ属
- 生息地 ▶ 関東地方以西
- 体 長 ▶ 32cm

東京湾や有明海などの広い干潟で越冬
ダイゼン

成鳥夏羽。5月撮影

見分けのPOINT
- 夏羽では腰は白い羽毛で覆われ脇羽は黒い
- 嘴や後趾は黒色
- 「ピューイー」と尻上がりに鳴く

雑食性でゴカイが大好物

日本には、渡りの途中で渡来する旅鳥。冬鳥として、越冬のため関東地方以南に渡来するグループもある。干潟、河口、水田などに数羽から数十羽の群れで生息。雑食性で、ゴカイや昆虫類などの小動物、種子なども食べる。

DATA
- 学 名 ▶ Pluvialis squatarola
- 英 名 ▶ Grey Plover
- 分 類 ▶ チドリ目チドリ科ムナグロ属
- 生息地 ▶ 全国各地
- 体 長 ▶ 29cm

第1章 春の鳥たち

つがいや家族が一緒にいることが多い
コゲラ

見分けのPOINT
- 灰褐色と白の斑模様の羽色

太い木や古い木のある住宅地でも見られる。3月撮影

全国的に平地から山地の林に生息する小さなキツツキ類。林の中の枯れた木に、嘴で穴を掘って営巣。昆虫を主食とし、樹皮の下から捕って食べる。繁殖期には嘴で幹を叩くドラミングをして縄張りを示す。

DATA
- 学 名▶Dendrocopos kizuki
- 英 名▶Japanese Pigmy Woodpecker
- 分 類▶キツツキ目キツツキ科アカゲラ属
- 生息地▶北海道〜西表島
- 体 長▶15cm

市街地から姿を消した鳥
コサメビタキ

見分けのPOINT
- 上面は灰褐色、下面は白色
- 眼の周囲に不明瞭な白紋がある

雌雄同色で上面が灰色。5月撮影

日本では夏鳥として渡来する。平地から山地にかけての落葉広葉樹林に生息し、単独もしくはつがいで生活する。上面は灰褐色、下面は白色で、体側面は褐色味を帯びている。眼の周囲に不明瞭な白紋を持つ。

DATA
- 学 名▶Muscicapa dauurica
- 英 名▶Asian Brown Flycatcher
- 分 類▶スズメ目ヒタキ科サメビタキ属
- 生息地▶全国各地
- 体 長▶13cm

文学の題材となった鳥
ホトトギス

見分けのPOINT
- 腹部の横斑の幅が広い

成鳥。5月撮影

平地から亜高山帯の森林に渡来する渡り鳥で、古くから鳴き声を愛でられ和歌や俳句の題材とされた。類似種のカッコウ同様、托卵を行うことで知られる。雄は繁殖期に「キョッキョン、キョキョキョ」と鳴く。

DATA
- 学 名▶Cuculus poliocephalus
- 英 名▶Lesser Cuckoo
- 分 類▶カッコウ目カッコウ科カッコウ属
- 生息地▶北海道南部〜沖縄
- 体 長▶28cm

野外識別が難しいムシクイ
センダイムシクイ

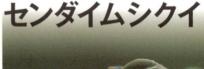

見分けのPOINT
- 繁体の上面がオリーブ色
- 淡色の頭央線

低山の林の上部を好む。5月撮影

日本には繁殖のため夏鳥として、九州以北に渡来。林の上部を好み、群れを形成せずに単独で樹上を飛び回る。「チチョ、ピィー」とさえずる。鳴き声が「鶴千代君」と聞こえることが名前の由来。

DATA
- 学 名▶Phylloscopus coronatus
- 英 名▶Eastern Crowned Warbler
- 分 類▶スズメ目ムシクイ科ムシクイ属
- 生息地▶九州以北
- 体 長▶13cm

複数の模様を持つ鳥
シマアジ

見分けのPOINT
- 雄の繁殖羽は大きく白い眉斑を持つ

雄成鳥夏羽。5月撮影

春と秋に渡来する旅鳥で、北海道東部で繁殖するが、本州や琉球列島で少数の越冬例が確認されている。雄は色合いこそ地味だが、胸に鱗状の斑、脇に黒い波状斑、肩羽に白黒模様と複数の模様を持っている。

DATA
- 学 名▶Anas querquedula
- 英 名▶Garganey
- 分 類▶カモ目カモ科マガモ属
- 生息地▶全国各地
- 体 長▶38cm

体に比べて非常に大きな足を持つ鳥
レンカク

見分けのPOINT
- 灰緑黄色の大きな足と爪を持つ
- 「ミャー」と子猫のような声で鳴く

成鳥夏羽。8月撮影

本州以南の湖沼、水田、湿地など淡水域に渡来する旅鳥または冬鳥。警戒心は強くはなく、じっとしていればかなり近くまで寄ってくることがある。水草の根や茎などにつく水生小動物を食べることが多い。

DATA
- 学 名▶Hydrophasianus chirurgus
- 英 名▶Pheasant-tailed jacana
- 分 類▶チドリ目レンカク科レンカク属
- 生息地▶本州以南
- 体 長▶55cm

外来種が定着し繁殖した
コブハクチョウ

成鳥。3月撮影

見分けのPOINT
- 全身白色
- 嘴上部の付け根に黒いコブ
- 「アーウウ」「キャーウ」「ガウ」と鳴く

嘴付け根の黒いコブが目印

本来日本には分布していない外来種。古い記録に野生種が渡来したと思われる記録がある。湖沼、河川、内湾などで暮らし、水草やその根、陸地に生える草を採食する。全身白色で、橙色の嘴上部の付け根に黒いコブのような裸出部を持つ。

DATA
- 学 名 ▶ Cygnus olor
- 英 名 ▶ Mute Swan
- 分 類 ▶ カモ目カモ科ハクチョウ属
- 生息地 ▶ 全国各地
- 体 長 ▶ 152cm

美しい声でさえずる日本三鳴鳥のひとつ
コマドリ

雄成鳥。5月撮影

見分けのPOINT
- 雄の上胸と下胸の境目に暗色の横縞
- 上面や尾羽、翼は橙褐色
- 「ヒンカラララ」とさえずる

鮮やかな色彩が特徴

日本の特産種で北海道から屋久島までの山地に渡来し、繁殖する夏鳥。日本三鳴鳥のひとつ。亜高山帯の渓谷などに生息し、暗い林を好む。繁殖期には縄張りを持ち、赤い胸を反らして美しい声でさえずる。鳴き声が馬のいななきのように聞こえるのが和名の由来。

DATA
- 学 名 ▶ Luscinia akahige
- 英 名 ▶ Japanese Robin
- 分 類 ▶ スズメ目ヒタキ科ノゴマ属
- 生息地 ▶ 北海道〜九州
- 体 長 ▶ 14cm

急降下して小動物を捕獲
チョウゲンボウ

見分けのPOINT
- 背が赤褐色で黒斑がある
- 尾が長い

雄成鳥。3月撮影

長い尾を持つスリムなハヤブサ類

日本では全国的に生息するハヤブサ類で、近年は都市のビルなどにも営巣。急降下して小鳥や小動物を捕獲するが、飛翔速度は速くない。背が赤褐色で黒斑があり、雄の頭と尾は青灰色。雌は褐色で翼の先が尖る。

DATA
- 学 名 ▶ Falco tinnunculus
- 英 名 ▶ Common Kestrel
- 分 類 ▶ ハヤブサ目ハヤブサ科ハヤブサ属
- 生息地 ▶ 全国各地
- 体 長 ▶ 雄：33cm 雌：39cm

エゾビタキと見分けるのが難しい
サメビタキ

見分けのPOINT
- 上面は灰褐色
- 眼の周囲に不明瞭な白紋がある
- 「ピイピイ、クチュクチュ」と複雑な声で鳴く

第1回夏羽。5月撮影

大きな目のヒタキの仲間

日本では夏鳥として渡来する。平地から山地にかけての落葉広葉樹林に生息し、群れではなく、単独もしくはつがいで生活する。上面は灰褐色、下面は白色で不明瞭な縦斑があり、体側面は褐色味を帯びている。眼の周囲に不明瞭な白紋を持つ。

DATA
- 学 名 ▶ Muscicapa sibirica
- 英 名 ▶ Dark-sided Flycatcher
- 分 類 ▶ スズメ目ヒタキ科サメビタキ属
- 生息地 ▶ 全国各地に渡来
- 体 長 ▶ 14.5〜15cm

第1章　春の鳥たち

白と黒の尾を持つ小鳥
オジロビタキ

雄成鳥。5月撮影

見分けのPOINT
● 嘴が黒く頬と喉が橙色

DATA
- 学名 ▶ Ficedula albicilla
- 英名 ▶ Taiga Flycatcher
- 分類 ▶ スズメ目ヒタキ科キビタキ属
- 生息地 ▶ 全国各地
- 体長 ▶ 11.5〜12cm

本州や周辺の島嶼での目撃例がある旅鳥。スズメより小さく、地上に降りて昆虫を食べることが多い。木の枝に留まって白黒の尾羽を上下に動かす際に、白紋が目立つことが名前の由来である。

嘴と体が短くずんぐりした体形
フルマカモメ

淡色型成鳥。7月撮影

見分けのPOINT
● ミズナギドリのように太く短い羽
● 嘴は太く鼻管がある

DATA
- 学名 ▶ Fulmarus glacialis
- 英名 ▶ Northern Fulmar
- 分類 ▶ ミズナギドリ目ミズナギドリ科フルマカモメ属
- 生息地 ▶ 北海道〜本州中部以北の海上
- 体長 ▶ 49cm

ほぼ一年中、北太平洋の亜寒帯全域に生息し、特に夏に多い。1羽またはばらついた群れでいることが多い。日中に活発に飛び回り、魚類や漁船の捨てた魚のあらなどを食べる。夕方は休息している。

2カ所に冠羽を持つ
チシマウガラス

成鳥夏羽。4月撮影

見分けのPOINT
● 夏羽時に金属光沢

DATA
- 学名 ▶ Phalacrocorax urile
- 英名 ▶ Red-faced Cormorant
- 分類 ▶ カツオドリ目ウ科ウ属
- 生息地 ▶ 北日本の海上
- 体長 ▶ 76cm

北日本に渡来する冬鳥で、北海道根室市沖の島で少数繁殖。夏羽時は頭頂と後頭に冠羽がある。また、全身が黒いが、青紫や緑色のメタリックな光沢を帯び、腰の部分に白斑を持つ。鳴き声は「グォォーン」。

木の実が好きな小鳥
マミチャジナイ

第1回冬羽の雄。5月撮影

見分けのPOINT
● はっきりした白い眉斑

DATA
- 学名 ▶ Turdus obscurus
- 英名 ▶ Eyebrowed Thrush
- 分類 ▶ スズメ目ヒタキ科ツグミ属
- 生息地 ▶ 全国各地
- 体長 ▶ 21.5〜22cm

全国の林や市街地の公園などで目撃することができる旅鳥。マミチャは漢字で「眉茶」と表記するが、類似種のアカハラと区別する場合の目印は立派な白い眉斑。秋は木の実を食べるため高い枝に留まる。

目撃例が希少な鳥
ムギマキ

雄成鳥夏羽。5月撮影

見分けのPOINT
● 目の後ろの小さい白斑

DATA
- 学名 ▶ Ficedula mugimaki
- 英名 ▶ Mugimaki Flycatcher
- 分類 ▶ スズメ目ヒタキ科キビタキ属
- 生息地 ▶ 全国各地
- 体長 ▶ 13cm

日本海側の島嶼を中心に出没するが目撃例が少ない旅鳥。秋の麦を蒔く時期に現れたことが名前の由来。目の後ろの白斑は雄のみの特徴。「ピイヨッ、ピイヨ」と囀り、「ティリリリッ」と地鳴きする。

日本産カワセミ類では最大サイズ
ヤマセミ

雌成鳥。10月撮影

見分けのPOINT
● 頭部に長い冠羽状の羽

DATA
- 学名 ▶ Megaceryle lugubris
- 英名 ▶ Crested Kingfisher
- 分類 ▶ ブッポウソウ目カワセミ科ヤマセミ属
- 生息地 ▶ 九州以北
- 体長 ▶ 38cm

九州以北の山地の谷や渓流、湖沼に生息する留鳥または漂鳥。1羽かつがいで生活する。水中に頭から突っ込んだり、空中に飛び出しホバリングしてから水中に突っ込んで嘴で魚類を捕らえる。

第2章 夏の鳥たち

第2章 夏の鳥たち

姿かたちはペンギンにそっくり
ウミガラス

成鳥冬羽。1月撮影

成鳥夏羽。7月撮影

見分けのPOINT
- 腹部は白色、背面は黒色
- 嘴は細い黒色

世界では数多く分布するも日本では絶滅の危惧

日本では北海道の天売島で数羽が繁殖する、北半球の海に生息している海鳥。その鳴き声から、「オロロン鳥」とも呼ばれる。羽や背面は黒いが胴体は白色で、地上ではペンギンのように直立歩行する。繁殖期になると、崖や無人島など、敵が近寄れない場所にコロニーを作り、一端が尖った卵を産む。

DATA
- 学　名▶Uria aalge
- 英　名▶Common Murre
- 分　類▶チドリ目ウミスズメ科ウミガラス属
- 生息地▶九州以北の海上に渡来
- 体　長▶43cm

多く交尾をするのは子育てのため
イワヒバリ

成鳥。8月撮影

成鳥。2月撮影

見分けのPOINT
- 頭部は灰色、胴体は茶色
- 警戒心があまりない

雄に餌を運んでもらって子孫を残す雌の知恵

北海道や本州の中部以北の、標高の高い山岳地帯や高原などに生息する留鳥。冬季には標高の低いところに漂行。種子や昆虫のほか、人の残飯なども食べることがある。岩の隙間に営巣し、繁殖期は集団で生活して、雌は複数の雄と交尾をする。雄は交尾した雌に餌を運ぶといい、その餌で雌は子育てする。

DATA
- 学　名▶Prunella collaris
- 英　名▶Alpine Accentor
- 分　類▶スズメ目イワヒバリ科カヤクグリ属
- 生息地▶本州の中部以北
- 体　長▶17～19cm

アカアシミズナギドリ
ピンク色のかわいい嘴

見分けのPOINT
- 足と嘴がピンク色
- 全身が黒褐色

成鳥。5月撮影

繁殖期には「クィックィッァー」と鳴く

　日本近海で春から秋に見られる中型のミズナギドリ類で、春から夏にかけて特に多く観察される。「アカアシ」と名がつくが、正確には淡いピンク色。嘴も淡いピンク色で先端が黒くなっている。体は全体的に黒褐色。

DATA
- 学　名▶Puffinus carneipes
- 英　名▶Flesh-footed Shearwater
- 分　類▶ミズナギドリ目ミズナギドリ科ハイイロミズナギドリ属
- 生息地▶日本近海
- 体　長▶48cm

シロアジサシ
愛称は「フェアリーターン」

見分けのPOINT
- 全身白色
- 眼の先に小さな黒斑
- 嘴は黒色で基部は青色

成鳥。4月撮影

眼の先の小さな黒斑が特徴

　日本には稀な迷鳥として主に小笠原諸島や南西諸島に渡来する小型の海鳥。世界の暖海域に広く分布し、島の岩棚や海岸近くの木の太い枝の上に、直接卵を産む。全身白色で、眼の先に小さな黒斑があることにより、眼がより大きく見える。

DATA
- 学　名▶Gygis alba
- 英　名▶White Tern
- 分　類▶チドリ目カモメ科シロアジサシ属
- 生息地▶小笠原諸島、南西諸島、硫黄列島
- 体　長▶25〜30cm

ササゴイ
「キュウ」と鋭い声で鳴くサギ科の仲間

成鳥。4月撮影

見分けのPOINT
- 翼が青灰色で笹の葉模様がある
- 嘴が黒くて長い
- 「キュウ」と鋭い声で鳴く

青灰色の翼に白い笹の葉模様

　日本には夏鳥として渡来。主に川で生活し、池沼、水田、海岸でも観察されることがある。繁殖期にはつがいで生活し、木の枝の上に営巣する。翼が青灰色で、白い羽縁の笹の葉模様を持つのが特徴。黒い嘴はゴイサギより細い。

DATA
- 学　名▶Butorides striata
- 英　名▶Striated Heron
- 分　類▶ペリカン目サギ科ササゴイ属
- 生息地▶本州以南に渡来
- 体　長▶52cm

ブッポウソウ
鳴き声を間違えられた奇妙な鳥

成鳥。7月撮影

見分けのPOINT
- 羽先の中央にある白い模様
- 嘴と足が明るい赤色

「ブッポウソウ」とは鳴かない

　本州、四国、九州で繁殖する夏鳥。鳴き声が「仏法僧（ぶっぽうそう）」と聞こえることから名前がつけられたが、これは本来コノハズクの鳴き声で、昭和初期ごろまで誤認されていた。実際は「ゲッ」「ゲゲッゲーゲゲ」などと鳴く。

DATA
- 学　名▶Eurystomus orientalis
- 英　名▶Oriental Dollarbird
- 分　類▶ブッポウソウ目ブッポウソウ科ブッポウソウ属
- 生息地▶本州、四国、九州
- 体　長▶30cm

第2章　夏の鳥たち

町中でも見られる夜行性のフクロウ
アオバズク

アオバズク（リュウキュウアオバズク）の親子

成鳥（左から2番目と5番目）と幼鳥（それ以外）

見分けのPOINT
- 「ホッ、ホッ」と、規則的に2回鳴く
- 胴体は褐色と白の縦縞

新緑の季節に渡来する都心にも生息する夏鳥

全国各地の平地から低山地に生息する、夜行性の夏鳥。単独か、つがいで生活し、昆虫やは虫類、小型の鳥類やほ乳類なども捕食する。雄よりも雌のほうが体が大きい。大木の樹洞に巣を作ることから、町中の神社や街路樹などでも見られる。青葉が繁る季節に渡来することから、この和名がついた。

DATA
- 学名 ▶ Ninox scutulata
- 英名 ▶ Brown Hawk-Owl
- 分類 ▶ フクロウ目フクロウ科アオバズク属
- 生息地 ▶ 全国各地
- 体長 ▶ 29cm W61cm

亜熱帯地域に分布する海鳥
アナドリ

成鳥。7月撮影

見分けのPOINT
- 全身が黒褐色
- 後ろ足は灰桃色

海辺に生息して繁殖する

世界各地の海に生息する鳥で、日本では小笠原群島や硫黄列島など、南の島で見られる。全身が黒褐色で、夜間になると、海上に浮上してきた小魚やカニ、オキアミなどを捕食する。海岸沿いの岩の隙間や、地面に掘った穴に巣を作り、ペアで抱卵して繁殖する。

DATA
- 学名 ▶ Bulweria bulwerii
- 英名 ▶ Bulwer's Petrel
- 分類 ▶ ミズナギドリ目ミズナギドリ科アナドリ属
- 生息地 ▶ 伊豆諸島、小笠原群島、硫黄列島など
- 体長 ▶ 27cm

長い舌を伸ばしてアリを吸う！
アリスイ

成鳥。6月撮影

見分けのPOINT
- 灰色の胴体に褐色の斑点
- 長い舌を持つ

キツツキなのに地面を歩いて好物を捕食する

東北・北海道では夏鳥として、冬は本州以南で見られるキツツキの仲間。ほかのキツツキのように木の幹には留まらず、地面を歩いて10cmもある長い舌を伸ばしてアリを捕食することから、この名がついた。また、頻繁に首を曲げて周囲を警戒する習性も持つ。

DATA
- 学名 ▶ Jynx torquilla
- 英名 ▶ Eurasian Wryneck
- 分類 ▶ キツツキ目キツツキ科アリスイ属
- 生息地 ▶ 全国各地
- 体長 ▶ 18cm

漁港などでも見られる大型カモメ
オオセグロカモメ

見分けのPOINT
- 羽の上面が灰黒色
- ほかのカモメより大きい

成鳥夏羽。6月撮影

沿岸部や河川付近で繁殖するが建造物に巣を作ることも

　大型のカモメで、北海道や東北地方北部で繁殖し、冬は北海道から九州まで観察される。背中や羽の上面が灰黒色になっており、冬になると白かった頭部に褐色の斑点が出る。雑食で、主に魚を食べるが潜水はできず、水面で餌を探している。

DATA
- 学　名 ▶ Larus schistisagus
- 英　名 ▶ Slaty-backed Gull
- 分　類 ▶ チドリ目カモメ科カモメ属
- 生息地 ▶ 北海道から九州
- 体　長 ▶ 64cm W150cm

ほかの鳥の獲物を狙うハンター
オオトウゾクカモメ

見分けのPOINT
- 羽に白い斑点がある
- 黒くて太い嘴

成鳥。7月撮影

南極からはるばる渡来する水鳥たちの脅威の天敵

　主に春から秋に、北海道や東北で見られる暗灰褐色のトウゾクカモメの仲間。ほかの水鳥が捕まえた魚などを狙って攻撃し、横取りすることからこの名がついた。また、繁殖地では、ほかの鳥の卵やヒナも狙う。羽に白い斑点がある。

DATA
- 学　名 ▶ Stercorarius maccormicki
- 英　名 ▶ South Polar Skua
- 分　類 ▶ チドリ目トウゾクカモメ科トウゾクカモメ属
- 生息地 ▶ 北海道から本州中部の太平洋側海域
- 体　長 ▶ 53cm W61cm

飛行中の小型鳥類を捕食
チゴハヤブサ

見分けのPOINT
- 胸の縦斑が黒色
- 成鳥の脛毛と下腹が赤茶色

雄成鳥。5月撮影

腹の縦斑が目立つ猛禽類

　日本では北海道や東北地方、長野県などに夏鳥として渡来。腹に縦縞の斑があり、脛毛と下腹が赤茶色。平地の疎林に生息し、耕地や原野などの広い場所で狩りをする。飛翔速度は速く、飛行中の鳥を襲う。

DATA
- 学　名 ▶ Falco subbuteo
- 英　名 ▶ Eurasian Hobby
- 分　類 ▶ ハヤブサ目ハヤブサ科ハヤブサ属
- 生息地 ▶ 北海道、本州中部
- 体　長 ▶ 雄：34cm 雌：37cm

謎の多いカラフルな鳩
アオバト

見分けのPOINT
- 「アーオー」「ウーアオー」と特徴的に鳴く
- 雄は全体的にカラフル

美しい緑色をしたアオバト。7月撮影

森林に生息しながら海水を飲んで塩分補給？

　北海道〜九州に生息する留鳥で、夏は北海道にも渡来。体色はオリーブ色で、雄は頭部や胸が黄色、羽根が赤色とカラフルになっている。また、一部の個体は生息する森林地帯から海岸に移動して海水を飲む習性があるが、その目的は塩分補給とも言われる。

DATA
- 学　名 ▶ Treron sieboldii
- 英　名 ▶ White-bellied Green Pigeon
- 分　類 ▶ ハト目ハト科アオバト属
- 生息地 ▶ 北海道から九州
- 体　長 ▶ 33cm

第2章　夏の鳥たち

「ホーホケキョ」の声で縄張りを宣言　夏／留
ウグイス

見分けのPOINT
- 早春〜夏ごろまでは「ホーホケキョ」と鳴く
- 尾羽が長めで、羽の色は暗緑茶色

雄成鳥。6月撮影

日本全国の林の低い藪で繁殖する

　全国の平地から山地の林にかけて広範囲に生息。「ホーホケキョ」という鳴き声で知られ、オオルリ、コマドリと並び日本三大鳴鳥にも数えられる。ただし、実はホーホケキョと鳴くのは繁殖期である春先から真夏まで。秋冬には「ジャッジャッ」という地鳴きをする。

DATA
- 学　名 ▶ Cettia diphone
- 英　名 ▶ Japanese Bush Warbler
- 分　類 ▶ スズメ目ウグイス科ウグイス属
- 生息地 ▶ 全国各地
- 体　長 ▶ 14〜16cm

雄は強い声で縄張り宣言　夏
チゴモズ

見分けのPOINT
- 雄は頭が淡い青灰色
- 鳴き声が「ギチギチギチ」

雄成鳥。5月撮影

餌を与えて求愛行動をする

　日本には夏鳥として渡来し、主に東北地方から中部地方に分布する。雄は頭部が青灰色で、黒い過眼線があり、「ギチギチギチ」と太く濁った声で鳴く。捕らえた獲物を枝などに突き刺す「はやにえ」を行う。

DATA
- 学　名 ▶ Lanius tigrinus
- 英　名 ▶ Tiger Shrike
- 分　類 ▶ スズメ目モズ科モズ属
- 生息地 ▶ 本州北部、中部
- 体　長 ▶ 18cm

カイツブリの2倍の大きさの水鳥　夏／冬
アカエリカイツブリ

見分けのPOINT
- 頭部が黒く、多少冠羽状になる
- 夏は首の周りが赤褐色をしている

雌成鳥夏羽。7月撮影

カイツブリと同じ、水に浮いているような巣を作る

　本州以南の沿岸や河口、河川、湖沼、池に生息する冬鳥。北海道では夏鳥。越冬地では1〜2羽が海上に浮く姿が見られる程度。東北地方の太平洋側では、10羽以上が群れとはいえないくらいの距離を置き生活する。潜水して魚類などを食べる。

DATA
- 学　名 ▶ Podiceps grisegena
- 英　名 ▶ Red-necked Grebe
- 分　類 ▶ カイツブリ目カイツブリ科カンムリカイツブリ属
- 生息地 ▶ 北海道では夏鳥。本州以南では冬鳥として渡来
- 体　長 ▶ 47cm W80cm

繁殖時には水辺近くに浮巣を作る　冬／留
カンムリカイツブリ

見分けのPOINT
- 上面は黒褐色、下面は白い
- 頭頂に黒い羽毛が伸長した冠羽
- 繁殖期には「カッカッ」と鳴く

成鳥夏羽とヒナ。6月撮影

水中に30秒以上潜ることも

　カイツブリ目としては日本最大種で、九州以北に渡来する。流れの緩やかな河川、湖沼、湿原などに生息し、潜水して魚類、両生類、水生昆虫を食べる。頭頂に黒い羽毛が伸長した冠羽がある。上面は黒褐色、下面は白色で首が長く見える。

DATA
- 学　名 ▶ Podiceps cristatus
- 英　名 ▶ Great Crested Grebe
- 分　類 ▶ カイツブリ目カイツブリ科カンムリカイツブリ属
- 生息地 ▶ 冬鳥として九州以北に渡来
- 体　長 ▶ 56cm W85cm

複数の雄が子育てをサポート 🌊 夏 冬 留

タマシギ

雄成鳥。8月撮影

見分けのPOINT
- 雌は額から胸に赤みがある
- 雄は背面が黄色っぽい

「コンコン」とも聞こえる鳴き声が特徴

　本州以南に生息する留鳥。水田、ハス田などの淡水域に棲み、一妻多夫のコロニーを形成し、抱卵や子育ては雄が行う。「コー、コー」という声で鳴き、遠くで聞くと「コン、コン」と聞こえるため、「コンコンドリ」とも呼ばれている。

DATA
- 学　名▶Rostratula benghalensis
- 英　名▶Greater Painted Snipe
- 分　類▶チドリ目タマシギ科タマシギ属
- 生息地▶本州以南
- 体　長▶23.5cm

日本最大のゲラ 🌳 留

クマゲラ

雄成鳥。6月撮影

見分けのPOINT
- カラス類よりは小さい
- キタタキと違い、腹は黒い

ドラミングの「ドロロロ…」という音が大迫力

　北海道と青森県、秋田県、岩手県の平地から山地の森林に生息する留鳥。日本産キツツキとしてはキタタキと並んで最大。鋭い爪と硬い尾羽で体を支えて幹を登りながら、幹をつついたり、枯れ木の樹皮を次々にはがして食物を探す。

DATA
- 学　名▶Dryocopus martius
- 英　名▶Black Woodpecker
- 分　類▶キツツキ目キツツキ科クマゲラ属
- 生息地▶北海道、青森県、秋田県、岩手県
- 体　長▶45〜46cm

はるばるオーストラリアから渡来 🌊 夏 旅

オオジシギ

雄成鳥。6月撮影

見分けのPOINT
- 音を出す「ディスプレイ・フライト」
- 嘴は細く長い

大きな音を出して求愛する派手な「ディスプレイ・フライト」

　本州の一部と北海道で繁殖する夏鳥で、ほかでは旅鳥。子育ての際は擬傷するほか、繁殖期の求愛行動として、急降下する際に尾羽を振るわせ、「バリバリ」という音を出すことから「雷シギ」とも呼ばれる。細く長い嘴を持つ。

DATA
- 学　名▶Gallinago hardwickii
- 英　名▶Latham's Snipe
- 分　類▶チドリ目シギ科タシギ属
- 生息地▶全国各地
- 体　長▶30cm

雄は夏と冬でその姿を変える！ 🌳 夏 冬

オオジュリン

雄成鳥。7月撮影

見分けのPOINT
- 主にアシ原によくいる
- 「ジュリーン」と鳴く

繁殖期の雄の体色の変化は冬羽の摩耗によるもの

　夏は北海道や東北地方に渡来し、冬は本州以南で越冬する冬鳥。雄は夏羽と冬羽で大きく外見が異なり、夏は頭部から胸部が黒、胴体が白で羽が茶褐色だが、冬は頭部も胸部も褐色となる。アシ原などに生息し、嘴でアシを割って中にいる虫を補食する。

DATA
- 学　名▶Emberiza schoeniclus
- 英　名▶Common Reed Bunting
- 分　類▶スズメ目ホオジロ科ホオジロ属
- 生息地▶北海道から九州
- 体　長▶16cm

第2章　夏の鳥たち

急な斜面に穴を掘って営巣する
ショウドウツバメ

見分けのPOINT
- ツバメより短い翼と尾
- 体上部は褐色

成鳥。6月撮影

ツバメよりも翼や尾が短くツバメよりも体は褐色

　北海道では夏鳥として渡来する。ほかでは旅鳥。渡りの際は大きな集団で飛翔し、海岸沿いや河川、農耕地などの開けた場所の土手に穴を掘り、集団で営巣する。穴を掘ることから「小洞」の名がついた。体上部は褐色で、ツバメに比べると翼や尾羽は短い。

DATA
- 学　名 ▶ Riparia riparia
- 英　名 ▶ Sand Martin
- 分　類 ▶ スズメ目ツバメ科ショウドウツバメ属
- 生息地 ▶ 全国各地
- 体　長 ▶ 13cm

日本産アマツバメ類最大サイズ
ハリオアマツバメ

見分けのPOINT
- 胴体が太く、翼は幅広くて長い
- 額、腰から喉、尻から下尾筒が白い

成鳥。7月撮影

空を飛行中に浮遊する昆虫類を捕食

　本州中部以北の平地から山地の森林に渡来する夏鳥。羽ばたきと滑翔を繰り返し高速飛行する。飛行しながら空中に浮遊している昆虫類などを捕る。尾羽の羽軸が硬く針のようにとがっており、樹の幹にとまったり、よじ登るときに活用する。

DATA
- 学　名 ▶ Hirundapus caudacutus
- 英　名 ▶ White-throated Needletail
- 分　類 ▶ アマツバメ目アマツバメ科ハリオアマツバメ属
- 生息地 ▶ 全国各地
- 体　長 ▶ 19〜21cm W40〜53cm

日本産アマツバメ類最小サイズ
ヒメアマツバメ

見分けのPOINT
- 翼は鎌形だが、やや丸みがある
- 胸から腹にかけて白い細い横斑がある

成鳥。8月撮影

自分で巣を作ることもあるが、古巣を利用することが多い

　本州・四国・九州の太平洋沿岸で繁殖する夏鳥であるが、南部の一部は留鳥、ほかでは旅鳥。一年中群れで生活する。羽ばたきと滑翔を交互にするが、滑翔の方が多い。飛びながら小さな昆虫類を食べる。コシアカツバメなどの巣を奪ったり、古巣を利用することが多い。

DATA
- 学　名 ▶ Apus nipalensis
- 英　名 ▶ House Swift
- 分　類 ▶ アマツバメ目アマツバメ科アマツバメ属
- 生息地 ▶ 全国各地
- 体　長 ▶ 13cm W40〜44cm

飛びながら睡眠もとる！
アマツバメ

見分けのPOINT
- 尾羽がV字状
- 喉と腰は白色の羽毛

成鳥。7月撮影

地面からは飛べないものの飛行能力に優れた鳥

　本州の一部と北海道で繁殖する鳥でほかでは旅鳥。越冬地のオーストラリアから9000kmもの距離を渡ってくる。翼を広げると40cm以上もあり、高所から滑空するように飛ぶ。飛行能力に優れており、交尾や睡眠も飛行中に行うほか、飛行速度は時速170km近くにもなる。

DATA
- 学　名 ▶ Apus pacificus
- 英　名 ▶ Pacific Swift
- 分　類 ▶ アマツバメ目アマツバメ科アマツバメ属
- 生息地 ▶ 全国各地
- 体　長 ▶ 20cm W43〜48cm

夜に人里を訪ねてくる夏鳥
ヒクイナ

成鳥。1月撮影

見分けのPOINT
- 頭頂から背面にかけて濃いオリーブ色
- 顔と首、胸部は赤褐色

流れのゆるやかな水辺を好む

日本全国の水田、川辺などに渡来する夏鳥。水辺の茂みに巣を作り、昆虫などを食べる。夜中に「キョッ、キョッ、キョキョキョキョ……」と、徐々に早くなる声で鳴くことから、「夜の訪問者」として古来から親しまれてきた。

DATA
- 学 名 ▶ Porzana fusca
- 英 名 ▶ Ruby-breasted Crake
- 分 類 ▶ ツル目クイナ科ヒメクイナ属
- 生息地 ▶ 全国各地
- 体 長 ▶ 23cm

その鳴き声から季語にもなった
オオヨシキリ

見分けのPOINT
- 口の中が赤い
- ギョギョギョなどと鳴く

雌成鳥とヒナ。7月撮影

騒がしいほどの鳴き声で「行行子」とも

春になると全国に渡来して繁殖する夏鳥。頭頂部の羽毛が逆立っているのが特徴で、河川や湿地帯などに生息する。「ギョギョシ」といった声で鳴き、その鳴き声から「行行子」とも表記され、夏の季語になっている。

DATA
- 学 名 ▶ Acrocephalus orientalis
- 英 名 ▶ Oriental Reed Warbler
- 分 類 ▶ スズメ目ヨシキリ科ヨシキリ属
- 生息地 ▶ 全国各地
- 体 長 ▶ 18cm

閑古鳥とも表記される鳥
カッコウ

見分けのPOINT
- 尾がやや長め
- 胸部から腹部にある縞模様

雄成鳥。6月撮影

別の鳥の巣に卵を産んで子育てを任せる悪知恵の持ち主

初夏に渡来する夏鳥。「カッコウ」と鳴くのは雄で、雌は「ピ、ピ」と鳴く。別の鳥の巣に卵を産み、ヒナを育ててもらう「托卵」で有名で、先にカッコウのヒナが孵化することで、ほかの卵を排除してしまう。托卵する理由ははっきりと解明されていない。

DATA
- 学 名 ▶ Cuculus canorus
- 英 名 ▶ Common Cuckoo
- 分 類 ▶ カッコウ目カッコウ科カッコウ属
- 生息地 ▶ 全国各地
- 体 長 ▶ 35cm

カヤの中をくぐるように生活
カヤクグリ

見分けのPOINT
- 全身が赤い褐色
- 胸部から腹部にある縞模様

成鳥。6月撮影

スズメ大の大きさをした赤褐色の小鳥

日本の固有種ともされる鳥で、沖縄を除くほぼ全国の高地の森林や岩場に生息している。学名が「赤い褐色の小鳥」を意味するように、外見はさほど目立たない。「チュリ、チュリ」とさえずり、地鳴きは「ツリリリリ」。繁殖期以外は単独で行動している。

DATA
- 学 名 ▶ Prunella rubida
- 英 名 ▶ Japanese Accentor
- 分 類 ▶ スズメ目イワヒバリ科カヤクグリ属
- 生息地 ▶ 南千島、本州、四国、九州
- 体 長 ▶ 14cm

第2章　夏の鳥たち

飛ぶ姿はまるでタカ
ヨタカ

DATA
- 学　名 ▶ Caprimulgus indicus
- 英　名 ▶ Jungle Nightjar
- 分　類 ▶ ヨタカ目ヨタカ科ヨタカ属
- 生息地 ▶ 全国各地
- 体　長 ▶ 29cm

雌成鳥。11月撮影

見分けのPOINT
- 黒褐色に灰白色や茶褐色の複雑な模様
- 飛ぶ姿はタカ類に似ている

大きな口を使い、昆虫類を捕食する

九州以北の平地から山地の林、森林内の伐採地、疎林、草原などで繁殖する夏鳥。日中は、木の枝に沿って腹を密着させるように留まって休息する。夕暮れから活動し、羽音を立てず、口を開いて飛び回り、口の中に入ってきた昆虫類を主に食べる。裸地の地面に直接卵を産んで育雛する。

雄成鳥。6月撮影

ハイマツ帯に生息するマシコの仲間
ギンザンマシコ

見分けのPOINT
- 雄の体色は赤
- 嘴は短く太い黒
- ハイマツ帯に生息

雄成鳥。6月撮影

その名前の由来ともなった猿を連想させる赤色の体

北海道のハイマツ帯に生息するマシコ類。雄は頭部から腹部が赤色、羽と尾が暗褐色となっているのが特徴で、ハイマツなどの実を食べる。マシコは「猿子」と書くが、これは雄の赤い体色が、猿を連想させるため。雌は雄の赤い部分が黄緑色になる。

DATA
- 学　名 ▶ Pinicola enucleator
- 英　名 ▶ Pine Grosbeak
- 分　類 ▶ スズメ目アトリ科ギンザンマシコ属
- 生息地 ▶ 北海道、本州
- 体　長 ▶ 22cm

日本で見られる猛禽類で最小
ツミ

見分けのPOINT
- 嘴が黒褐色
- 雄と雌で体色が異なる
- キジバトより小さい

雄成鳥。7月撮影

スズメなどの小鳥を餌とする

小型のタカの一種。頭部から背、翼上面は暗青灰色、雄の翼下面と腹部はオレンジ色で、雌は白色で黒褐色の腮線がある。漢字で「雀鷹」と書くが、スズメほどの大きさという意味ではなく、「雀など小型の鳥を捕食する」の意味。

DATA
- 学　名 ▶ Accipiter gularis
- 英　名 ▶ Japanese Sparrowhawk
- 分　類 ▶ タカ目タカ科ハイタカ属
- 生息地 ▶ 北海道〜琉球諸島まで
- 体　長 ▶ 雄：27cm　雌：30cm　W51〜63cm

アオゲラ
市街地でも見られる日本特産種

雌成鳥。6月撮影

見分けのPOINT
- 体全体が黄緑色で腹側に縞模様
- 繁殖期には「ピョー、ピョー」と大きな声で鳴く

木に垂直に留まって餌を取る

平地から山地の林で繁殖する日本特産種のキツツキ類。赤木の幹に垂直に留まり、嘴で樹皮の下や幹の隙間から虫などを捕る。そのため、足指は前後2本ずつの対趾足になっている。冬季は市街地や公園の雑木林でも姿を見られる。

DATA
- 学 名 ▶ Picus awokera
- 英 名 ▶ Japanese Green Woodpecker
- 分 類 ▶ キツツキ目キツツキ科アオゲラ属
- 生息地 ▶ 本州から九州、種子島、屋久島
- 体 長 ▶ 29cm

オオセッカ
日本での生息数は1000羽程度

雄成鳥。5月撮影

見分けのPOINT
- 褐色の背中に黒い縦縞
- 尾羽は細く長い

アシ原などに生息して一夫多妻で繁殖する

主に東北地方や関東地方に生息し、本州中部で越冬する鳥。ヨシ原や河口といった湿地帯などで見られるが、個体数は多くない。繁殖期になると、雄は大きくさえずりながら飛翔し、もとの場所に戻るという行為を繰り返して、雌にアピールする。

DATA
- 学 名 ▶ Locustella pryeri
- 英 名 ▶ Marsh Grassbird
- 分 類 ▶ スズメ目センニュウ科センニュウ属
- 生息地 ▶ 青森県、秋田県、茨城県、千葉県
- 体 長 ▶ 13cm

ビンズイ
複雑なさえずりが名前の由来

雄成鳥。6月撮影

見分けのPOINT
- 頭から上面は緑褐色で黒褐色の縦斑がある
- 顎線が白く、顎線にそって黒線がある

体の上面が緑褐色のセキレイ類

北海道から四国の平地から高山帯の草地や明るい林、針葉樹林、針広混交林、落葉広葉樹林など開けた環境に生息する夏鳥または漂鳥。脚を交互に出して地上を歩き、昆虫類を採食し、冬には草木の種子なども採る。

DATA
- 学 名 ▶ Anthus hodgsoni
- 英 名 ▶ Olive-backed Pipit
- 分 類 ▶ スズメ目セキレイ科タヒバリ属
- 生息地 ▶ 北海道、本州、四国
- 体 長 ▶ 14〜15cm

ベニマシコ
秋の季語の小さな赤い鳥

雄成鳥。6月撮影

見分けのPOINT
- 全体が紅色をしている
- 翼は黒く2本の白帯がある

長くて暗褐色の尾に2本の白帯

北海道と下北半島の平地から低山帯の新緑、草地、ヨシ原、牧草地、農耕地、湿原などに生息する夏鳥。翼は短めだが尾は長い。冬は本州以南へ移動する。小群で生活するものが多い。草木の種子、昆虫類などを採食する。

DATA
- 学 名 ▶ Uragus sibiricus
- 英 名 ▶ Long-tailed Rosefinch
- 分 類 ▶ スズメ目アトリ科ベニマシコ属
- 生息地 ▶ 九州以北
- 体 長 ▶ 15cm

第2章　夏の鳥たち

声はすれども姿は見えず
エゾセンニュウ

見分けのPOINT
- ホトトギスのような鳴き声
- 全体的に茶褐色

雄成鳥。6月撮影

北海道のみで繁殖することから命名された

　夏になると繁殖のために北海道に渡来することから和名がつけられた夏鳥。ホトトギスに似た鳴き声から、「エゾホトトギス」とも呼ばれる。河川や湿地帯近くの薮などに生息しているため、声は聞こえても、なかなかその姿を見ることはできない。

DATA
- 学　名▶Locustella fasciolata
- 英　名▶Gray's Grasshopper Warbler
- 分　類▶スズメ目センニュウ科センニュウ属
- 生息地▶北海道と日本海の離島
- 体　長▶18cm

初夏に渡来する旅鳥
シマセンニュウ

見分けのPOINT
- 体は淡褐色
- 足は細くオレンジ色

雄成鳥。6月撮影

道東や道北に分布し草原などで繁殖

　夏になると北海道に渡来する鳥。背は緑がかった褐色で、側面は淡褐色、腹部は白色。「チリリリ、チュピチュピ」とさえずり、見た目が似ているウチヤマセンニュウとは異なる。海岸沿いの草原などに営巣して繁殖し、繁殖期の雄はさえずりながら飛翔する。

DATA
- 学　名▶Locustella ochotensis
- 英　名▶Middendorffs Grasshopper Warbler
- 分　類▶スズメ目センニュウ科センニュウ属
- 生息地▶北海道と日本海の離島
- 体　長▶16cm

牧野に生息するセンニュウ
マキノセンニュウ

見分けのPOINT
- スズメより小さい
- 額、上面、脇にかけて黒褐色の縦斑がある

雄夏鳥。7月撮影

雄は繁殖期に虫のような声で1分くらいさえずる

　北海道、南千島の平地の草原、灌木のある湿地、牧草地などに生息する夏鳥。地上付近を動き回って、昆虫類などを採食する。朝夕や夜間には、草や灌木の梢、杭などに留まってさえずる。明るい場所に出ることが少なく日中は観察しにくい。

DATA
- 学　名▶Locustella lanceolata
- 英　名▶Lanceolated Warbler
- 分　類▶スズメ目センニュウ科センニュウ属
- 生息地▶北海道と日本海の離島
- 体　長▶12cm

個体変異が多い鳥
ハチクマ

見分けのPOINT
- 体長が60cm前後
- 翼が長い
- 飛翔中、頭部が細長く突出

雌成鳥（中間型）。6月撮影

頭が小さくスタイル抜群

　全国各地の森林に渡来する夏鳥で、肉食の猛禽類だが、特にハチの幼虫を好む性質が名前の由来。翼が非常に長い。基本的に体上面は黒褐色か褐色だが、個体変異で体色が大きく異なる個体もある。「ピーエー」「フィーフィー」と鳴く。

DATA
- 学　名▶Pernis ptilorhynchus
- 英　名▶Honey Buzzard
- 分　類▶タカ目タカ科ハチクマ属
- 生息地▶北海道、本州、四国、九州
- 体　長▶雄:57cm 雌:61cm　W121〜135cm

Summer

ニホンライチョウは特別天然記念物 　留
ライチョウ

雄成鳥。5月撮影

見分けのPOINT
● 冬は黒い尾を除き全身白色

北アルプス、南アルプス、新潟県の焼山（やけやま）や火打山（ひうちやま）の高山帯に生息する留鳥。日中はハイマツの中で生活し、朝夕や悪天候時には開けた場所に出て植物の種子や芽を採食する。ときには昆虫類も食べる。

DATA
- 学名 ▶ Lagopus muta
- 英名 ▶ Rock Ptarmigan
- 分類 ▶ キジ目キジ科ライチョウ属
- 生息地 ▶ 北アルプス、南アルプス、新潟県焼山、火打山
- 体長 ▶ 37cm

黒い頭巾をかぶった鳥 　夏　旅
コジュリン

雄成鳥夏羽。6月撮影

見分けのPOINT
● 黒い頭部

本州中部・北部や九州の一部の、ヨシ原などで繁殖する鳥。雄の夏羽では、背は赤褐色だが頭部や喉が黒くなり、頭巾をかぶったように見えることから、「なべかむり」とも呼ばれる。

DATA
- 学名 ▶ Emberiza yessoensis
- 英名 ▶ Japanese Reed Bunting
- 分類 ▶ スズメ目ホオジロ科ホオジロ属
- 生息地 ▶ 九州以北
- 体長 ▶ 15cm

ブッポウソウという鳴き声の正体 　夏
コノハズク

雄成鳥（赤色型）。6月撮影

見分けのPOINT
● 顔が褐色で目が金色

本州や北海道の山林で繁殖する小型のフクロウで、夜行性。「ブッポウソウ」と鳴くが、この鳴き声は別の鳥の声だとされ、その鳥が「ブッポウソウ」と命名されたという経緯がある。

DATA
- 学名 ▶ Otus sunia
- 英名 ▶ Oriental Scops Owl
- 分類 ▶ フクロウ目フクロウ科コノハズク属
- 生息地 ▶ 北海道、本州、四国、九州に渡来
- 体長 ▶ 18〜21cm

3つの光が名前の由来 　夏
サンコウチョウ

雄成鳥夏羽。7月撮影

見分けのPOINT
● 長い尾羽

本州以南に渡来する夏鳥。雄は体長の3倍近い尾羽を持ち、目の周りと嘴がコバルトブルー。さえずりが「ツキヒーホシ（月日星）、ホイホイホイ」と聞こえるため「三光鳥」と命名された。

DATA
- 学名 ▶ Tersiphone atrocaudata
- 英名 ▶ Japanese Paradise Flycatcher
- 分類 ▶ スズメ目カササギヒタキ科サンコウチョウ属
- 生息地 ▶ 本州以南
- 体長 ▶ 雄：44.5cm 雌：17.5cm

シマは北海道（島）の意味 　夏　旅
シマアオジ

雄成鳥夏羽。6月撮影

見分けのPOINT
● 黄色い体に茶色の斑

北海道では夏鳥。本州以南では旅鳥。雄は背と頭部が淡褐色、顔は黒色、腹部が黄色で、喉のところに茶色の斑が入る。河川近くの草原や湿地帯に生息する。また、中国では食用とされていた。

DATA
- 学名 ▶ Emberiza aureola
- 英名 ▶ Yellow-breasted Bunting
- 分類 ▶ スズメ目ホオジロ科ホオジロ属
- 生息地 ▶ 北海道、日本海の島
- 体長 ▶ 14.5〜15.5cm

翼開長約2mの巨大フクロウ 　留
シマフクロウ

成鳥。6月撮影

見分けのPOINT
● 体の上部にある黒い斑
● 体下部にある縦横の斑

北海道東部の水辺近くの広葉樹林などに生息する、日本最大級のフクロウ。かつては北海道全域で見られたが、自然破壊などの影響で減少。ペアを形成すると生涯ペアで生活し、縄張りを持つ。

DATA
- 学名 ▶ Ketupa blakistoni
- 英名 ▶ Blakiston's Fish Owl
- 分類 ▶ フクロウ目フクロウ科シマフクロウ属
- 生息地 ▶ 北海道
- 体長 ▶ 63〜70cm

第2章　夏の鳥たち

海に響き渡る美声
ケイマフリ

見分けのPOINT
- 黒い胴体に赤い足
- 口笛のような高い鳴き声

成鳥夏羽。6月撮影

赤い足がチャームポイントの美しい鳴き声の海鳥

　カムチャッカ半島近海やオホーツク海、日本海に生息する海鳥。アイヌ語で「赤い足」を意味する「ケマフレ」が名前の由来で、黒い体に赤い足が特徴。口笛のような「フィー、フィー」という美しい鳴き声から、「海のカナリア」とも呼ばれている。

DATA
- 学　名 ▶ Cepphus carbo
- 英　名 ▶ Spectacled Guillemot
- 分　類 ▶ チドリ目ウミスズメ科ウミバト属
- 生息地 ▶ 東北地方以北（留鳥）。以南では冬鳥
- 体　長 ▶ 37cm

北海道にのみ生息するキツツキ
コアカゲラ

見分けのPOINT
- 雄の赤い頭頂部
- アカゲラは下腹部が赤いが、コアカゲラは白い

雄成鳥。6月撮影

雄は頭頂部の赤色が特徴

　北海道の湿性林や針葉樹林などに生息する留鳥で、雄は頭頂部が赤く、雌は黒い。背面は黒色と白色の斑模様になっている。基本的に群れをなすことはなく、単独で行動する。繁殖期になると、縄張りを作ってペアになり、子育てをする。

DATA
- 学　名 ▶ Dendrocopos minor
- 英　名 ▶ Lesser Spotted Woodpecker
- 分　類 ▶ キツツキ目キツツキ科アカゲラ属
- 生息地 ▶ 北海道
- 体　長 ▶ 16cm

餌を渡して愛を育む
コアジサシ

見分けのPOINT
- 夏羽では嘴が黄色
- ツバメのような鋭い羽

成鳥夏羽。6月撮影

ホバリングして海中にダイブする

　春になると本州以南に夏鳥として渡来する。アジサシよりも小型。羽と尾羽の先端はツバメのように鋭くなっている。アジサシと同じく、飛行しながら海中の獲物に狙いを定めると急降下して潜水し、捕らえる。繁殖時の雄は、雌に獲物をプレゼントするという。

DATA
- 学　名 ▶ Sterna albifrons
- 英　名 ▶ Little Tern
- 分　類 ▶ チドリ目カモメ科アジサシ属
- 生息地 ▶ 本州以南に渡来
- 体　長 ▶ 22〜28cm

天売島は世界最大の繁殖地！
ウトウ

見分けのPOINT
- 夏は目と嘴の後ろに白い飾り羽
- 餌を大量に咥える

成鳥。6月撮影

餌の小魚を大量に咥えて雄雌で交互に子育て

　北太平洋沿岸に生息する海鳥。100万羽近くが生息する北海道の天売島と、南限とされる宮城県の足島は、どちらも天然記念物に指定されている。繁殖期になると、親鳥は60m近くも潜水して、嘴に多くの小魚を咥えて帰ってヒナに与える。

DATA
- 学　名 ▶ Cerorhinca monocerata
- 英　名 ▶ Rhinoceros Auklet
- 分　類 ▶ チドリ目ウミスズメ科ウトウ属
- 生息地 ▶ 東北地方南部以北
- 体　長 ▶ 38cm

大小の違いは口の中の色
コヨシキリ

見分けのPOINT
- 白い眉斑の上に黒線
- 口の中が黄色

雄成鳥。7月撮影

白い眉斑の上に黒線がある

　草原の背の高い草の上にいる小鳥。さえずる場所、ソングポストを複数持っており、繁殖時には縄張り確保のためか巡回するように鳴く。オオヨシキリの口の中が赤いのに対し、黄色になっており、さえずりも複雑。

DATA
- 学　名 ▶ Acrocephalus bistrigiceps
- 英　名 ▶ Black-browed Reed Warbler
- 分　類 ▶ スズメ目ヨシキリ科ヨシキリ属
- 生息地 ▶ 全国各地
- 体　長 ▶ 14cm

力強く直線的に飛ぶ
ハイイロミズナギドリ

見分けのPOINT
- 翼下面の下雨覆が白い
- 全身褐色で下面は淡い

成鳥。6月撮影

翼先端で羽ばたき、かなりの長い時間低滑空で飛ぶ

　ほぼ一年中、沖合で見られる。4〜6月の太平洋側に多く、ときに数千から数万羽の大群が見られる。ほかの時期は少ない。魚類や軟体動物などを食べる。海上飛行中に鳴くことはない。ほかのミズナギドリ類と違って、よく潜って採食する。

DATA
- 学　名 ▶ Puffinus griseus
- 英　名 ▶ Sooty Shearwater
- 分　類 ▶ ミズナギドリ目ミズナギドリ科ハイイロミズナギドリ属
- 生息地 ▶ 太平洋側の沖合
- 体　長 ▶ 43cm W109cm

白い眉斑と黒い眼帯
ハイタカ

見分けのPOINT
- 頭からの上面が暗青灰色
- 体下面は白に橙褐色の横斑が密にある

雌成鳥。6月撮影

樹上に木の枝を束ねたお椀状の巣を作る

　北海道と本州で繁殖する留鳥。九州以南では冬鳥。冬は全国の平地から山地の林、農耕地、牧草地などで見られる。群れることはない。主に鳥類を捕るがネズミ類なども捕る。越冬地では小鳥の集まる場所で生活している個体が多い。

DATA
- 学　名 ▶ Accipiter nisus
- 英　名 ▶ Eurasian Sparrowhawk
- 分　類 ▶ タカ目タカ科ハイタカ属
- 生息地 ▶ 全国各地
- 体　長 ▶ 雄:30〜32.5cm 雌:37〜40cm

実は首が長いサギ科の仲間
サンカノゴイ

見分けのPOINT
- 体はずんぐりとした黄褐色
- 「オウ、オウ」と犬のような声で鳴く

雄成鳥。7月撮影

婚姻色の雄では眼先が赤くなる

　北海道や本州の湿地帯や河川、ヨシ原などに生息する大型のサギ。長めの鋭い嘴を使って魚や昆虫を補食する。一見ずんぐりしているように見るが実は首が長く、飛翔する際はその長い首を縮めている。

DATA
- 学　名 ▶ Botaurus Stellaris
- 英　名 ▶ Eurasian Bittern
- 分　類 ▶ ペリカン目サギ科サンカノゴイ属
- 生息地 ▶ 本州以南では冬鳥。北海道では夏鳥
- 体　長 ▶ 70cm

第2章 夏の鳥たち

「魚鷹」の異名を持つ、魚食性のタカ 夏冬留

ミサゴ

雄成鳥。6月撮影

見分けのPOINT
- 頭部と喉、腹、下雨覆が白色
- 黒褐色の過眼線がある

日本各地の海岸部の崖地や、小島の樹上、内陸でもダムや河川付近の山地の樹上などに営巣するタカ。南西諸島では冬鳥。海岸、河口、湖沼などで主に魚を水中へ足からダイビングして捕食する。

DATA
- 学名 ▶ Pandion haliaetus
- 英名 ▶ Osprey
- 分類 ▶ タカ目ミサゴ科ミサゴ属
- 生息地 ▶ 日本全国
- 体長 ▶ 雄：54cm 雌：64cm W155〜175cm

眉斑の細いムシクイ 夏旅

メボソムシクイ

雄成鳥。6月撮影

見分けのPOINT
- ほかのムシクイ類に比べ大きい
- 羽色がほかのムシクイ類に比べ黄色味がある

本州から九州の亜高山の針葉樹林に主に繁殖する夏鳥。繁殖期以外は1羽か小群で生活する。枝上を動き回り、昆虫類などを採食する。繁殖期には縄張りを持ち、その中を動き回りながらさえずる。

DATA
- 学名 ▶ Phylloscopus xanthodryas
- 英名 ▶ Japanese Leaf Warbler
- 分類 ▶ スズメ目ムシクイ科ムシクイ属
- 生息地 ▶ 全国各地
- 体長 ▶ 13cm

胸元が橙色をした鳥 夏旅

ノビタキ

雄成鳥夏羽。6月撮影

見分けのPOINT
- 胸部が橙色で美声

本州中部以北の牧草地や草原など、開けた土地で見ることができる夏鳥。スズメより小さく、雌雄異色だが、どちらも胸部が橙色。「ヒューチー」とさえずり、「ジャッ、ジャッ」と地鳴きする。

DATA
- 学名 ▶ Saxicola torquatus
- 英名 ▶ Common Stonechat
- 分類 ▶ スズメ目ヒタキ科ノビタキ属
- 生息地 ▶ 本州中間以上では夏鳥、他全国的に旅鳥
- 体長 ▶ 13cm

北海道のみにいる大型のキツツキ 留

ヤマゲラ

雄成鳥。6月撮影

見分けのPOINT
- アオゲラと違い体下面は灰色

北海道の平地から山地の森林に生息する留鳥。警戒心が強く、人影を見ると木の陰に隠れるようにしてじっとしていることが多い。食物を探しながら木から木へ移動し、主に昆虫類を食べる。

DATA
- 学名 ▶ Picus canus
- 英名 ▶ Grey-headed Woodpecker
- 分類 ▶ キツツキ目キツツキ科アオゲラ属
- 生息地 ▶ 北海道
- 体長 ▶ 30cm

ヨシに擬態するサギ 夏

ヨシゴイ

雄成鳥。7月撮影

見分けのPOINT
- サギ類で最も小さい
- 飛翔時、翼に黄褐色と黒色の模様

全国各地のヨシ原、水田、湿地、湖沼、河川に生息する夏鳥。昼夜関係なく一日中活動する。水際やヨシの茎にとまり、魚類を採食する。小型のエビ類、ザリガニ、カエル、昆虫類も採食する。

DATA
- 学名 ▶ Ixobrychus sinensis
- 英名 ▶ Yellow Bittern
- 分類 ▶ ペリカン目サギ科ヨシゴイ属
- 生息地 ▶ 全国各地
- 体長 ▶ 36cm

色とりどりの綺麗な鳥 夏旅

ヤイロチョウ

成鳥。5月撮影

見分けのPOINT
- 額から後頭が茶色

本州中部から九州の山地の林に渡来し、主に低山の常緑樹林に生息する夏鳥。1羽で行動することが多い。暗い林床などの地上でミミズや昆虫類を捕食する。巣は大木の根元や太い枝の股に作る。

DATA
- 学名 ▶ Pitta nympha
- 英名 ▶ Fairy Pitta
- 分類 ▶ スズメ目ヤイロチョウ科ヤイロチョウ属
- 生息地 ▶ 本州中部〜九州
- 体長 ▶ 18cm

第3章 秋の鳥たち

第3章　秋の鳥たち

哀愁漂う鳴き声を上げる鳥
アオアシシギ

見分けのPOINT
- 足が青緑色
- 嘴が黒くやや上に反りぎみ
- ハトぐらいの大きさ
- 背から腰が白い

成鳥冬羽。9月撮影

成鳥夏羽。4月撮影

空を飛んだときの白い背中が魅力的

旅鳥または冬鳥として、水田、ハス田、湖、沼、干潟などに渡る。アフリカ、インド、オーストラリア、東南アジアなどで越冬する。河口、干潟、水田、池など水辺に渡来し、昆虫などを食べている。足が青緑色をしていることが名前の由来だが、黄色い個体もいる。飛翔時は翼を広げ、背から尾が白いことがわかる。悲しげな声で「チョー、チョー、チョー」と鳴く。

COLUMN
違いは足の長さ！？

樺太で繁殖して東南アジアに渡る類似種のカラフトアオアシシギと非常に似ているが、アオアシシギの方が嘴の基部が細い上に、鳴き声も異なる。最大の違いは、カラフトアオアシシギより足が長いのである。

DATA
- 学　名 ▶ Tringa nebularia
- 英　名 ▶ Common Greenshank
- 分　類 ▶ チドリ目シギ科クサシギ属
- 生息地 ▶ 全国各地
- 体　長 ▶ 35cm

薄紅色の足を持つ小鳥
アカアシシギ

幼羽から第1回冬羽に移行中。10月撮影

見分けのPOINT
- 嘴は赤いが先端が黒い

ツルシギよりもやや短足

旅鳥（北海道東部では夏鳥）で春と秋に干潟、水田、湿地などに渡来する。琉球諸島では越冬も行う。嘴と足が赤い。冬羽姿がツルシギに似ているが、ツルシギより足がやや短い。白いアイリングを持ち、「ピーピョ」という声で鳴く。

DATA
- 学 名 ▶ Tringa totanus
- 英 名 ▶ Common Redshank
- 分 類 ▶ チドリ目シギ科クサシギ属
- 生息地 ▶ 全国各地
- 体 長 ▶ 27.5cm

北極圏からの旅鳥さん
オオハシシギ

幼鳥。10月撮影

見分けのPOINT
- 嘴がまっすぐ長く黒い
- 嘴の基部と足が黄緑色
- 「ピッピッピッ」と鳴く

朝夕の食事時が観測の狙い目

海岸近くの湖沼、湿地、水田などに生息する鳥で、北極圏から南アメリカに渡る旅鳥または冬鳥だが、5月または8〜11月ごろ、稀に日本に訪れることがある。越冬する個体もいる。顔から体下面の色が、夏羽時は赤褐色、冬羽時は灰褐色になる。

DATA
- 学 名 ▶ Limnodromus scolopaceus
- 英 名 ▶ Long-billed Dowitcher
- 分 類 ▶ チドリ目シギ科オオハシシギ属
- 生息地 ▶ 少数だが日本各地に渡来
- 体 長 ▶ 29cm

複雑な模様の旅鳥
ムナグロ

牧場に渡来した成鳥。4月撮影

春と秋に日本に渡来する。4月撮影

見分けのPOINT
- 夏羽は顔から腹が黒
- 白い眉斑が細い
- 嘴と足が長い

極寒の地から赤道目指し羽ばたく

ロシア北部からオセアニア〜インド洋にかけて渡る旅鳥で、ルート上にある全国各地の干潟、水田、草地に出没。沖縄で越冬するものもいる。雄の夏羽は顔から腹にかけて黒く、これが名前の由来。上体面は黄色、黄褐色、黒、白が交じり合った複雑な模様で非常に目立つ。「キビュッ」「ピュイヨ」と鳴く。

DATA
- 学 名 ▶ Pluvialis fulva
- 英 名 ▶ Pacific Golden Plover
- 分 類 ▶ チドリ目チドリ科ムナグロ属
- 生息地 ▶ 全国各地
- 体 長 ▶ 24cm

第3章　秋の鳥たち

名前と真逆のかわいい小鳥
クロハラアジサシ

幼鳥。10月撮影

成鳥冬羽に移行中。10月撮影

見分けのPOINT
- 夏羽時は腹部が黒色
- 嘴と足が赤黒い
- 後頭部の黒色が小さい

夏は赤黒い嘴が冬は黒に変色する

　全国各地の内湾、干潟、河川、湿地などで稀に見かける旅鳥で、繁殖のために渡る中国に近い南西諸島での目撃が多い。夏羽時は額から後頸にかけて黒色になるが、冬羽時は白と灰色のごま塩状になる。夏羽時の黒色の腹部が名前の由来。「キョッ、キョッ」「ギジュッ」「ケー、ケー」と鳴く。

DATA
- 学名▶Chlidonias hybrida
- 英名▶Whiskered Tern
- 分類▶チドリ目カモメ科クロハラアジサシ属
- 生息地▶全国各地に渡来
- 体長▶33〜36cm W75〜85cm

海辺に現れる迷い鳥
ハシブトアジサシ

幼鳥から第1回冬羽に移行中。10月撮影

見分けのPOINT
- 嘴が黒く太い
- 比較的足が長い
- 短く浅い凹尾

カニが好物のグルメな鳥

　中国大陸内部の鳥だが、一部は南方に渡る途中で日本に立ち寄ることがある旅鳥。本州から南西諸島にかけての海岸、干潟、水田、湖沼などに出没する。夏羽は頭が黒く目立たないが、白い冬羽になると目の横の黒条紋が目立つ。「キヨヨヨ」「クワッ」と鳴く。

DATA
- 学名▶Gelochelidon nilotica
- 英名▶Gull-billed Tern
- 分類▶チドリ目カモメ科ハシブトアジサシ属
- 生息地▶本州、四国、九州、南西諸島に渡来
- 体長▶33〜43cm W85〜103cm

日本産アジサシ類の中で最大
オニアジサシ

冬羽。10月撮影

見分けのPOINT
- 後頭から頸の冠羽が短い
- 嘴が太く赤い
- 額から頸にかけて黒い

全長はコアジサシのほぼ倍

　本州、四国、九州、伊豆諸島、南西諸島などに渡来する旅鳥。海岸、河口、干潟など水辺で目撃できる。日本産アジサシ類で最大であることが「オニ」という名前の由来。類似種のオオアジサシとの最大の違いは冠羽が短い点。「ギャーォ」「カー、カー」と鳴く。

DATA
- 学名▶Sterna caspia
- 英名▶Caspian Tern
- 分類▶チドリ目カモメ科アジサシ属
- 生息地▶本州、舳倉島、四国、九州、伊豆諸島、南西諸島
- 体長▶46〜56cm

Autumn

左右に広がったヘラのような嘴
ヘラシギ

見分けのPOINT
- 体側面から腹部まで白い
- 頭頂部と背面は茶褐色

成鳥冬羽。4月撮影

ほかのシギに紛れることもある

全国各地の河口、干潟などに稀に渡来する旅鳥。単独もしくは小さな群れで行動し、ほかのシギ類の群れに交ざることもある。嘴の先端がヘラのように広がっており、泥の表面をなでるようにして甲殻類などを捕らえる。

DATA
- 学名 ▶ Eurynorhynchus prgmeus
- 英名 ▶ Spoon-billed Sandpiper
- 分類 ▶ チドリ目シギ科ヘラシギ属
- 生息地 ▶ 全国各地
- 体長 ▶ 15cm

大陸から稀に訪れる珍客
アカアシチョウゲンボウ

見分けのPOINT
- 嘴の付け根と足が赤い
- アイリングが赤い
- 雌は腹部も赤い

第1回夏羽から第2回冬羽へ移行中の雄。10月撮影

電線に留まっていることもある

中国北東部に生息し、南アフリカで越冬する旅鳥。日本は渡りのルートからは外れているが、10〜11月と5〜6月ごろに、稀に日本海沿岸部に渡来することがある。キジバトぐらいの大きさで、雄は体上面が黒褐色、雌は暗青灰色。「キィー、キィー」と鳴く。

DATA
- 学名 ▶ Falco amurensis
- 英名 ▶ Amur Falcon
- 分類 ▶ ハヤブサ目ハヤブサ科ハヤブサ属
- 生息地 ▶ 全国各地
- 体長 ▶ 雄：28cm 雌：31cm W70〜76cm

干潟に時折やってくる小鳥
ハジロコチドリ

見分けのPOINT
- 嘴は黄色く、先端のみ黒い
- 額のバンドのような白いラインがある

成鳥冬羽。2月撮影

フラフラと歩きながら餌を探す

全国各地の干潟などに渡来する旅鳥。千葉県や愛知県では越冬した記録もある。不規則に歩きながら、泥池をついばんで餌を探す。コチドリと似ているが、体長がやや大きく、名前のとおり羽の白いラインがはっきり出ているのが特徴。

DATA
- 学名 ▶ Charadrius hiaticula
- 英名 ▶ Common Ringed Plover
- 分類 ▶ チドリ目チドリ科チドリ属
- 生息地 ▶ 全国各地
- 体長 ▶ 19cm

魚を狙う海のハンター
アジサシ

見分けのPOINT
- 翼の先端が鋭く尖っている
- 頭部は黒、体は灰白色

成鳥夏羽。8月撮影

狙いを決めたら一気に潜水、嘴で魚を刺す！

夏季は北半球、冬期は南半球で過ごす旅鳥で、日本では渡りの最中に立ち寄る。沿岸部に生息しており、飛行しながら海に潜ってアジなどの魚を捕ることからこの名がついた。ホバリングをすることも可能で、海中の魚に狙いを定めて一気に捕食する。

DATA
- 学名 ▶ Sterna hirundo
- 英名 ▶ Common Tern
- 分類 ▶ チドリ目カモメ科アジサシ属
- 生息地 ▶ 全国各地
- 体長 ▶ 32〜39cm W72〜83cm

第3章　秋の鳥たち

カモシカも狩る肉食鳥
イヌワシ

成鳥。11月撮影

見分けのPOINT
- 頭と首の後ろが金色
- 全身暗褐色
- 雄は虹彩が黄褐色

ペアの縄張りは60km²

　北海道から九州にかけて確認できる留鳥で、岩場や崖を持つ森林地帯に生息。日本に棲む猛禽類の中では大型で、カモシカの幼獣を捕食することもある。甲高く「ピョッ、ピョッ」と鳴いたり、犬のように「クワッ、クワッ」と鳴いたりもする。

DATA
- 学　名 ▶ Aquila chrysaetos
- 英　名 ▶ Golden Eagle
- 分　類 ▶ タカ目タカ科イヌワシ属
- 生息地 ▶ 北海道〜九州まで生息
- 体　長 ▶ 雄：78〜86cm 雌：85〜95cm W170〜213cm

野生復帰を目指す鳥
トキ

成鳥冬羽。10月撮影

見分けのPOINT
- 黒い嘴で先端が赤い
- 夏羽時は灰黒色
- 冬羽時は朱鷺色

学名は Nipponia nippon

　朱鷺色の美しい羽（冬羽）を目当てにした乱獲と自然破壊により個体数が減少し、2003年に日本の野生個体は絶滅。2008年、中国生まれの個体から人工繁殖した10羽が保護センターがある佐渡島に放鳥され、野生復帰を目指している。「アッ」「アーァ」と鳴く。

DATA
- 学　名 ▶ Nipponia nippon
- 英　名 ▶ Crested Ibis
- 分　類 ▶ ペリカン目トキ科トキ属
- 生息地 ▶ 新潟県佐渡島の水田、湿地
- 体　長 ▶ 77cm

日本最小の小鳥
キクイタダキ

雌成鳥。10月撮影

見分けのPOINT
- 頭頂部が黄色と黒
- 目の周りが白い
- 趾が黄褐色

頭に菊の花びらを被っている？

　本州中部以北では留鳥、南日本では冬鳥として海岸の松林や山の針葉樹などに生息する。木の枝にぶら下がるように留まることが多い。頭頂部に引っかき傷のような形の黄色と黒の縦縞模様が目印。「チィチィチィ、チリリリリ、ツイツイツイ」と甲高く鳴く。

DATA
- 学　名 ▶ Regulus regulus
- 英　名 ▶ Goldcrest
- 分　類 ▶ スズメ目キクイタダキ科キクイタダキ属
- 生息地 ▶ 北海道〜九州
- 体　長 ▶ 10cm

歩く姿はウリ坊似？
セジロタヒバリ

横から見ると、通常のタヒバリと非常によく似ている。10月撮影

見分けのPOINT
- スズメより小さい
- 背に白条がある
- 足がピンク色

草むらに潜んでいることが多い

　日本海側の島々や南西諸島で目撃されることが多い旅鳥。黒褐色の背の縦斑の間に白条が入っていることが名前の由来。嘴は黒褐色だが、初列風切の先端が三列風切より出るのが類似種との違い。足はピンク色。地鳴きは「チュッ」「チョッ」。

DATA
- 学　名 ▶ Anthus gustavi
- 英　名 ▶ Pechora Pipit
- 分　類 ▶ スズメ目セキレイ科タヒバリ属
- 生息地 ▶ 全国各地の海岸、農耕地
- 体　長 ▶ 14〜15cm

Autumn

海に生きるグライダー鳥
オナガミズナギドリ

見分けのPOINT
- 尾が長く尖っている
- 翼下面が白い
- 嘴と足がピンク色

オオミズナギドリによく似ているが、もっと尾が長い。9月撮影

風に乗って海原を駆け巡る

小笠原群島や硫黄列島に渡来し繁殖する。背面が暗黒褐色、翼下面が白い個体が一般的だが、暗色型と呼ばれるものは全身が黒褐色。細長い翼をグライダーのように伸ばし、海洋上で帆翔することが多い。「チュー、チュー」「チウイー、チウイー」と鳴く。

DATA
- 学　名▶Puffinus pacificus
- 英　名▶Wedge-tailed Shearwater
- 分　類▶ミズナギドリ目ミズナギドリ科ハイイロミズナギドリ属
- 生息地▶小笠原諸島と硫黄列島に渡来
- 体　長▶39cm W97cm

干潟で役立つ長い嘴
ホウロクシギ

見分けのPOINT
- ひしゃくのように長く伸びた嘴
- ダイシャクシギに比べると濃い体色

成鳥夏羽。5月撮影

ダイシャクシギとよく似た水鳥

全国各地の干潟や水たまりに渡来する旅鳥。春は3〜6月、秋は8〜10月ごろに現れる。嘴は長く、先が下向きに曲がっており、これで泥を掘ってカニなどを捕まえる。シギの中では大型で、姿はダイシャクシギに似ているが、体色が濃い点、腰や翼の裏が白くない点が異なる。

DATA
- 学　名▶Numenius madagascariensis
- 英　名▶Far Eastern Curlew
- 分　類▶チドリ目シギ科ダイシャクシギ属
- 生息地▶全国各地
- 体　長▶63cm

薙刀のように空を飛ぶ海鳥
オオミズナギドリ

見分けのPOINT
- 体の割に翼が細長い
- 嘴が淡青色
- 足がピンク色

オオミズナギドリの群れ。10月撮影

オオミズナギドリ。5月撮影

一昼夜飛び続けるほど強靭な飛翔力を持つ鳥

日本列島近海の孤島や岩礁に春先に渡来し繁殖する。細長い翼で帆翔する姿が薙刀で水を斬るように見えることが名前の由来。白と黒褐色のごま塩模様の頭部が類似種との違い。通常は「ピッ」「ミャーオー」と鳴いているが、繁殖地では雌が「グワーェ、グワーェ」、雄が「キゥィーッ、ピゥィーッ」と鳴く。

DATA
- 学　名▶Calonectris leucomelas
- 英　名▶Streaked Shearwater
- 分　類▶ミズナギドリ目ミズナギドリ科オオミズナギドリ属
- 生息地▶日本近海の無人島に渡来
- 体　長▶49cm W122cm

第3章　秋の鳥たち

ユーラシア大陸を旅する鳥
ダイシャクシギ

見分けのPOINT
- 嘴が頭の2倍以上長い
- 腹部が白っぽい
- 嘴が下に湾曲

幼鳥。10月撮影

長すぎる嘴がチャームポイント
　ユーラシア大陸から本州中部以南の太平洋側に渡来する。河口、干潟、砂浜で泥の中に嘴を差し込み、ミミズや魚を捕って食べるため嘴が頭の長さの2倍以上と長い。類似種のホウロクシギとの違いは腰部や腹部の白さ。「カーリュー」「ポポポポ、ホーイン」と鳴く。

DATA
- 学　名 ▶ Numenius arquata
- 英　名 ▶ Eurasian Curlew
- 分　類 ▶ チドリ目シギ科ダイシャクシギ属
- 生息地 ▶ 全国各地
- 体　長 ▶ 60cm

見た目が派手な花魁鳥
エトピリカ

見分けのPOINT
- 繁殖期のオレンジ色の嘴
- 頭部の黄色い飾り羽

成鳥夏羽。7月撮影（撮影地：アラスカ）

大きな美しい嘴は求愛のための飾りだった
　北太平洋に生息する海鳥で日本ではごく少数が繁殖。アイヌ語で「嘴が美しい」の意味通り、オレンジ色の鮮やかな嘴が特徴だが、繁殖期以外は装飾が外れ黒くなる。また、頭部には黄色い飾り羽も生えることから、「花魁鳥」とも呼ばれる。

DATA
- 学　名 ▶ Fratercula cirrhata
- 英　名 ▶ Tufted Puffin
- 分　類 ▶ チドリ目ウミスズメ科ツノメドリ属
- 生息地 ▶ 本州北部以北の海上
- 体　長 ▶ 39cm

樺太からの珍客
カラフトアオアシシギ

見分けのPOINT
- 嘴の先が反っている
- 嘴の基部が黄緑色
- 張りがない声で鳴く

第1回冬羽に移行中。10月撮影

有明海での目撃例が多い
　樺太で繁殖しマレー方面に渡る旅鳥で、4～5月か9～10月ごろ、日本各地の干潟や河口で非常に稀に見かけることがある。類似種のアオアシシギより少し小柄で、足が短いのが特徴。地上では小走りしていることが多い。「ケーッ」「クェーッ」と鳴く。

DATA
- 学　名 ▶ Tringa guttifer
- 英　名 ▶ Nordmann's Greenshank
- 分　類 ▶ チドリ目シギ科クサシギ属
- 生息地 ▶ 全国各地に稀に渡来
- 体　長 ▶ 30cm

木の皮に似た小鳥
キバシリ

見分けのPOINT
- 嘴が下方に湾曲
- 足が褐色がかった肉色
- 嘴の色が上下で違う

体上面部が樹皮と同じ模様をしている。11月撮影

樹の幹を走り回る習性が名前に
　九州以北の平地から亜高山帯に生息する留鳥。スズメより小さく、上体面は灰褐色に灰白色の縦斑模様と樹皮のような色をしている。上嘴が黒褐色、下嘴が淡褐色と嘴の色が上下で異なる。普段は「ツリー、リリリ」と、囀りでは「ピーピョッピョ」と鳴く。

DATA
- 学　名 ▶ Certhia familiaris
- 英　名 ▶ EurasianTreecreeper
- 分　類 ▶ スズメ目キバシリ科キバシリ属
- 生息地 ▶ 九州以北
- 体　長 ▶ 14cm

Autumn

名前に偽り有りな鳥 夏 留 迷
クロサギ

見分けのPOINT
- 足は黄緑色
- 後頭に飾り羽
- 立ち姿が猫背形

黒色型成鳥(左)と白色型成鳥(右)。11月撮影

真っ白なクロサギもいる!?

本州以南に生息する留鳥だが、東北では夏鳥、北海道では迷鳥でもある。青灰黒色をした個体が基本だが、クロサギの名前を裏切り、南に行くほど純白の白色型が多くなる。足は主に淡黄色で個体によって黒が混じることもある。「クワッ」「グワァァァ」と鳴く。

DATA
- 学 名 ▶ Egretta sacra
- 英 名 ▶ Pacific Reef Heron
- 分 類 ▶ ペリカン目サギ科コサギ属
- 生息地 ▶ 房総半島以西、男鹿半島以南
- 体 長 ▶ 62cm

絶滅から復活した野鳥 留 迷
コウノトリ

見分けのPOINT
- 大雨覆と風切が黒い
- 嘴が黒く太い
- 足が長く赤い

第2回冬羽に移行中の成鳥。9月撮影

一度は絶滅したが人工飼育で復活

1971年の野生の個体絶滅後、放鳥された人工飼育個体が野生化し、河川や水田で目撃されている(稀に大陸から渡来した個体の場合もある)。タンチョウに似ているが、コウノトリは頭頂部が白くやや太め。嘴を噛み合わせるクラッタリングを行う。

DATA
- 学 名 ▶ Ciconia boyciana
- 英 名 ▶ Oriental Stork
- 分 類 ▶ コウノトリ目コウノトリ科コウノトリ属
- 生息地 ▶ 全国各地
- 体 長 ▶ 112cm

生涯で移動する距離は240万km! 旅 迷
キョクアジサシ

見分けのPOINT
- 嘴と足が赤色
- 頭部は黒色

成鳥夏羽。7月撮影

餌を求めて地球を縦断、世界最長距離を移動する旅鳥

北極〜南極間という、世界で最も長距離を移動する旅鳥。日本には、迷鳥として姿を見せることがある。夏は北極で繁殖し、そこから南極に移動するが、直線で移動するのではなく、大気の流れに巻き込まれないよう、蛇行しながら移動することが判明している。

DATA
- 学 名 ▶ Sterna paradisaea
- 英 名 ▶ Arctic Tern
- 分 類 ▶ チドリ目カモメ科アジサシ属
- 生息地 ▶ 茨城県、千葉県、神奈川県、静岡県、大阪府に渡来
- 体 長 ▶ 33〜36cm

夏羽は雌の方が雄より美しく鮮やか 旅
ハイイロヒレアシシギ

見分けのPOINT
- 嘴が太く、基部に黄色味がある
- アカエリヒレアシシギより頸が太め

成鳥。6月撮影

頸を左右に忙しく振るようにして泳ぐ

全国各地の沖合を通過したり、沿岸近くや内陸部に渡来する旅鳥。東北地方以北では夏でも少数が観察される。沖合で数十羽から数百羽の群れで生活し、船が近づくと飛び立ってしまう。主に甲殻類、プランクトン類を泳ぎ回り捕食する。

DATA
- 学 名 ▶ Phalaropus fulicarius
- 英 名 ▶ Red Phalarope
- 分 類 ▶ チドリ目シギ科 ヒレアシシギ属
- 生息地 ▶ 全国各地
- 体 長 ▶ 21cm

第3章　秋の鳥たち

目元や首が赤い小鳥
ノドアカツグミ

第1回冬羽。11月撮影

見分けのPOINT
- 雄は腮から胸部が橙褐色

雄の体色が特徴的なツグミ類

　全国各地で目撃されているツグミ類の旅鳥で、山間の農耕地や草地、さらに公園などで生息している。雄は夏羽・冬羽どちらも眉斑、腮、胸部が橙褐色であることが名前の由来。「クッ、クッ」「キョッ、キョッ」と地鳴きする。

DATA
- 学　名 ▶ Turdus ruficollis
- 英　名 ▶ Red-throated Thrush
- 分　類 ▶ スズメ目ヒタキ科ツグミ属
- 生息地 ▶ 本州、隠岐、四国、九州、南西諸島
- 体　長 ▶ 23〜26cm

太い眉斑が目印
マミジロタヒバリ

成鳥。3月撮影

見分けのPOINT
- 足と後趾の爪が長い
- 全身バフ色

日本産タヒバリ類の中で最大

　全国各地に生息する旅鳥で、西日本の日本海側の島嶼や南西諸島の草原や耕地などで比較的よく見られる。類似種のコマミジロタヒバリよりも淡褐色の眉斑が太くはっきりしている。「ビュン、ビュン」と地鳴きする。

DATA
- 学　名 ▶ Anthus richardi
- 英　名 ▶ Richard's Pipit
- 分　類 ▶ スズメ目セキレイ科タヒバリ属
- 生息地 ▶ 全国各地
- 体　長 ▶ 18cm

ダミ声の黄色い小鳥
ツメナガセキレイ

幼鳥。10月撮影

見分けのPOINT
- 足が黒色
- 腰部が緑黄色
- 濁った声で鳴く

長くのびた後趾の爪が特徴

　主にユーラシア大陸に生息し、日本海側の島嶼や南西諸島などで見かける旅鳥。後趾の爪が長く直線的なことが名前の由来。羽色は亜種によって多少異なるが、黄色の可愛らしい外見を裏切り、「ジッ、ジッ」「ジー」と濁った声で鳴く。

DATA
- 学　名 ▶ Motacilla flava
- 英　名 ▶ Yellow Wagtail
- 分　類 ▶ スズメ目セキレイ科セキレイ属
- 生息地 ▶ 全国各地の草地、農耕地、海岸
- 体　長 ▶ 16.5cm

落ち葉に溶け込む鳥
ヤマシギ

成鳥。10月撮影

見分けのPOINT
- 頭が尖っている
- 嘴が長い
- 後頭部に横斑

後頭部に独特の横斑

　北日本では夏鳥、南日本では冬鳥として森や林(草地、湿地)に生息。赤褐色、黒、白、灰色が交ざった複雑な模様は、枯れ葉にまぎれる保護色。体が太いのに対して、頭が尖っているのが特徴。「チキッ、チキッ、ブー、ブー」と鳴く。

DATA
- 学　名 ▶ Scolopax rusticola
- 英　名 ▶ Eurasian Woodcock
- 分　類 ▶ チドリ目シギ科ヤマシギ属
- 生息地 ▶ 全国各地の林、草地、畑、水田
- 体　長 ▶ 34cm

第4章 冬の鳥たち

第4章　冬の鳥たち

赤帽をかぶったキツツキ
オオアカゲラ

雄成鳥（オーストンオオアカゲラ）。5月撮影

雌成鳥。2月撮影

見分けのPOINT
- 雄は頭全体が赤い
- 下腹が薄紅色
- 体下面に黒い縦斑
- 肩羽に白斑が小さい

赤、黒、白の3色をまとい木を叩いて獲物を探す

　北海道から奄美大島にかけて、落葉広葉樹林に生息する留鳥。ただし、奄美大島は亜種のため黒い部分が多い。類似種であるアカゲラより一回り体が大きく、雄は赤い帽子をかぶっているように頭全体が赤い。基本は虫を食べるが、虫が減る秋冬には木の実を食べる。「キョッ、キョッ」と鳴くが、春先になると枯れた木の幹を嘴でつついてドラミングを行う。

COLUMN
名前の由来は虫!?

　オオアカゲラや類似種のアカゲラの名前についている「ゲラ」とは、虫を意味する「ケラ」のこと。木の幹をつついて虫を取り出す様子から、キツツキを「ケラツツキ」と呼んでいたことに由来する。

DATA
- 学　名▶Dendrocopos leucotos
- 英　名▶White-backed Woodpecker
- 分　類▶キツツキ目キツツキ科アカゲラ属
- 生息地▶北海道〜奄美大島
- 体　長▶28cm

淡水を好む黒い水鳥

オオバン

雌成鳥。12月撮影

雄成鳥(左)と雌成鳥(右)。12月撮影

見分けのPOINT
- 嘴と額板が白い
- 虹彩が赤い
- 足に水かきがある

ひと目でわかる真っ白い額

本州以南では留鳥または冬鳥だが、北海道では夏鳥となる。湖沼や河川など淡水を好み、陸上を歩いていても、人間に遭遇するとさっと水の上に逃げてしまう。類似種のバンに姿に似ているが、嘴と額が真っ白で、さらに虹彩も赤いため、遠くからでも違いがわかる。「キョン」「キュルッ」と鳴く。

DATA
- 学名 ▶ Fulica atra
- 英名 ▶ Eurasian Coot
- 分類 ▶ ツル目クイナ科オオバン属
- 生息地 ▶ 本州以南では留鳥または冬鳥。北海道では夏鳥
- 体長 ▶ 39cm

冬鳥の群れで際立つ白いガン

ハクガン

見分けのPOINT
- 全体的に白いが、初列風切のみ黒い
- 嘴と足はピンク色

成鳥。2月

幼鳥の体色は薄い灰色

全国各地の水辺にやってくる冬鳥。マガンやハクチョウの群れに交ざって渡来することが多い。植物性で、水面を泳いで水草の茎や根を食べるほか、地上で草をむしって食べることもある。成鳥はほぼ全身白色だが、幼鳥は灰色がかっている。

DATA
- 学名 ▶ Anser caerulescens
- 英名 ▶ Snow Goose
- 分類 ▶ カモ目カモ科マガン属
- 生息地 ▶ 主に本州以北
- 体長 ▶ 67cm

日本のガン類最大の鳥

サカツラガン

成鳥(右はマガンの成鳥)。3月撮影

見分けのPOINT
- 嘴が黒く基部が白い
- 頸が長く嘴が大きい
- 額から嘴がなだらか

シナガチョウの原種

日本への渡来数が激減している冬鳥で、湖沼、河川、湿地などに生息する。体長が90cm近く、日本のガン類の中では最大。嘴の基部が太いため、額から嘴のラインがなだらかで直線的。中国で一般的な家禽であるシナガチョウは、このサカツラガンが原種。

DATA
- 学名 ▶ Anser cygnoides
- 英名 ▶ Swan Goose
- 分類 ▶ カモ目カモ科マガン属
- 生息地 ▶ 全国各地
- 体長 ▶ 87cm

第4章　冬の鳥たち

世界最大級の白い鳥
オオハクチョウ

成鳥。2月撮影

見分けのPOINT
- 頸が細く長い
- 嘴が半分以上黄色
- 甲高く「コォー」と鳴く

直角に伸びた頸は威嚇の証

本州以北の湖沼、河川、河口などに渡来する冬鳥で、東北や北海道での目撃例が多い。成鳥は全身が白いが、水面下で目に触れることが少ない足は黒い。一般的にゆるいカーブは愛情、まっすぐ伸びたフォルムは威嚇と警戒というように、頸の形に感情が表れる。

DATA
- 学　名 ▶ Cygnus cygnus
- 英　名 ▶ Whooper Swan
- 分　類 ▶ カモ目カモ科ハクチョウ属
- 生息地 ▶ 本州以北(特に東北地方や北海道、日本海側)に渡来
- 体　長 ▶ 140cm

古くから親しまれた渡り鳥
マガン

成鳥。12月撮影

見分けのPOINT
- 成鳥は額が白い
- 嘴と足が濃い橙色
- 全体的に黒みが強い

雁行は冬の風物詩でもある

ユーラシア大陸や北アメリカから、主に九州以北の湖沼、干潟、水田、農耕地などに渡来する冬鳥。東北南部では日本海側での出没が多い。代表的な渡り鳥として、和歌の題材や家紋の意匠に用いられるほど日本では親しまれている。「クァハハン」「キャカカ」と鳴く。

DATA
- 学　名 ▶ Anser albifrons
- 英　名 ▶ Greater White-fronted Goose
- 分　類 ▶ カモ目カモ科マガン属
- 生息地 ▶ 主に九州以北
- 体　長 ▶ 72cm

2、3羽の群れで行動するヒバリ類
ハマヒバリ

成鳥夏羽。5月撮影

見分けのPOINT
- 頭頂から背、翼、尾までの上面は淡褐色で、下面は白色
- 頭部は黄色で、後頭部に角のように伸びた冠羽
- 地鳴きは「ピリ ピリ」「チュイ チュイ」

頭が黄色く後頭部に冠羽を持つ

日本では稀な冬鳥として北海道から九州までの各地に渡来するヒバリ類。後頭部に角のように伸びる冠羽が左右に一本ずつあるのが、ほかのヒバリ類と大きく異なる点だ。砂浜や河口などの開けた土地に渡来。植物の種子や昆虫などを食べる。

DATA
- 学　名 ▶ Eremophila alpestris
- 英　名 ▶ Horned Lark
- 分　類 ▶ スズメ目ヒバリ科ハマヒバリ属
- 生息地 ▶ 北海道〜九州
- 体　長 ▶ 16〜17cm

群れをなさない孤高の海鳥
ウミバト

成鳥夏羽。6月撮影(撮影地：アラスカ)

見分けのPOINT
- 足は赤色
- 背面は黒色、腹部は白色

赤い足がチャームポイント

北太平洋に分布し、日本には北日本の海上に稀に渡来する冬鳥。夏羽の全身は黒いが羽の一部が白く、足が赤いのが特徴で、冬羽では、頭から背面にかけ黒褐色味のある淡色で体下面は白い。繁殖期以外は群れを作らず、単独か数羽で行動することが多い。

DATA
- 学　名 ▶ Cepphus columba
- 英　名 ▶ Pigeon Guillemot
- 分　類 ▶ チドリ目ウミスズメ科ウミバト属
- 生息地 ▶ 北日本以北の海上
- 体　長 ▶ 33cm

雑食で種子や昆虫などを採食
ミヤマホオジロ

雌成鳥冬羽。12月撮影

雄成鳥冬羽。1月撮影

見分けのPOINT
- 長い尾羽は褐色で、外側の2枚ずつに白い斑紋。腹部は白
- 眼上部にある眉斑や喉は黄色で、黒い過眼線
- 地声は「チッ、チッ」

頭頂の美しい冠羽と黄色と黒のコントラスト

日本では冬鳥として本州中部以西、四国、九州に渡来。小規模な群れを形成し、平野から山地の雑木林、松林、竹藪などの明るい林で生活する。しかし、広い草地や農耕地など、開けた場所に出ることはほとんどない。雌雄ともに冠羽を持ち、美しい黄色と黒のコントラストが目を引く。

DATA
- 学 名 ▶ Emberiza elegans
- 英 名 ▶ Yellow-throated Bunting
- 分 類 ▶ スズメ目ホオジロ科ホオジロ属
- 生息地 ▶ 全国各地
- 体 長 ▶ 15.5cm

首から上が真っ黒な鳥
クロトキ

幼鳥。11月撮影

見分けのPOINT
- 嘴が黒く下方に湾曲
- 鳴き声が大きい
- 上頸から頭部が裸出

サギ類と一緒にいることも多い

西日本での目撃が多い冬鳥で、水田、湿地、干潟といった水の多い場所に生息する。上頸から頭部にかけて皮膚が裸出しており黒いことが名前の由来。夏羽時に背や胸に淡黄色、腰に灰色の飾り羽が現れる。大きな声で「ブー、ブー」「グワァ」と鳴く。

DATA
- 学 名 ▶ Threskiornis melanocephalus
- 英 名 ▶ Black-headed Ibis
- 分 類 ▶ ペリカン目トキ科クロトキ属
- 生息地 ▶ 冬鳥として渡来し、西日本で稀に観察される
- 体 長 ▶ 68cm

非繁殖期は海辺で群れを作り生活
アラナミキンクロ

雄成鳥。3月撮影

見分けのPOINT
- 雄は全身濃黒色で額の角斑と後頭部に大きな白色の三角模様
- 雄の嘴に黄色、橙色、黒色、白色の4色模様

海上に渡来するカモの仲間

日本では稀な冬鳥として、本州中部以北の海上に渡来するカモの仲間。潜水して貝類や甲殻類を捕食する。6～7月が繁殖期で、繁殖地はカナダ、アラスカ。冬季にはカムチャツカ半島、アリューシャン列島からアメリカ西海岸、東海岸に渡る。

DATA
- 学 名 ▶ Melanitta perspicillata
- 英 名 ▶ Surf Scoter
- 分 類 ▶ カモ目カモ科ビロードキンクロ属
- 生息地 ▶ 本州中部以北に渡来
- 体 長 ▶ 56cm

第4章　冬の鳥たち

渓流を闊歩するシギ 冬
アオシギ

見分けのPOINT
- 渓流の近くによくいる
- 斑の模様が細かい
- 嘴は暗肉色で先が黒い

12月撮影

川沿いの水田にいることも

日本全土で10月ごろから5月くらいまで見ることができる冬鳥で、渓流、山の河川、湿地など水辺に生息する。はっきりとした特徴は少ないが、大きさは30cmほどで、顔や体下面の白い部分が青灰色を帯びているのが名前の由来。「ジェッ」と鳴く。

DATA
- 学　名 ▶ Gallinago solitaria
- 英　名 ▶ Solitary Snipe
- 分　類 ▶ チドリ目シギ科タシギ属
- 生息地 ▶ 全国各地に渡来
- 体　長 ▶ 31cm

体格も足もビッグなシギ 旅 迷
オオキアシシギ

見分けのPOINT
- 足が黄色く長い
- 背から腰が白くない
- 嘴が長く反っている

第1回冬羽。1月撮影

渡来するのは変わり者？

アラスカやカナダ北部から南米に渡りを行い、日本はルートから外れているが、ごく稀に迷鳥として各地で目撃例がある。類似種のキアシシギより2回りほど大きく、足の長さも倍近い。アオアシシギに似ているが、背から腰は白くないため飛べば一目瞭然。

DATA
- 学　名 ▶ Tringa melanoleuca
- 英　名 ▶ Greater Yellowlegs
- 分　類 ▶ チドリ目シギ科クサシギ属
- 生息地 ▶ 北海道、本州、四国、沖縄
- 体　長 ▶ 31cm

砂浜で貝類や甲殻類を捕食 冬 旅
ミユビシギ

見分けのPOINT
- 夏羽では頭と背中と羽が赤褐色
- 冬羽は体上面が灰白色で翼の縁の部分が黒色
- 「チュ、チュ」「キッ、キッ」と小さな声で鳴く

成鳥冬羽。冬羽は灰白色。1月撮影

成鳥夏羽。5月撮影

夏羽は赤褐色で
黒褐色の縦斑や斑紋がある

日本では春秋に旅鳥として観察されるが、本州中部以南の地域には冬鳥として越冬しているものも。海岸の砂浜、干潟、河口などに飛来し、数百羽の群れで行動することもある。和名は、大部分の個体には第1趾がないことに由来する。雌雄同色で、夏羽は腹と喉以外が赤褐色で黒斑も顕著。

DATA
- 学　名 ▶ Calidris alba
- 英　名 ▶ Sanderling
- 分　類 ▶ チドリ目シギ科オバシギ属
- 生息地 ▶ 全国各地
- 体　長 ▶ 19cm

粉雪のような模様の鳥
クサシギ

成鳥冬羽。2月撮影

見分けのPOINT
- 足が灰緑色

尾をフリフリする小型のシギ類
ユーラシア大陸から各地の河川や湖沼に渡来する冬鳥で、本州以南では越冬することもある。類似種のタカブシギと違い、灰緑色の足を持ち、上面に粉雪のような斑が散っている。また眼先にうっすらと白い眉斑がある。「チーリーリーリー」といった細い声で鳴く。

DATA
- 学名▶Tringa ochropus
- 英名▶Green Sandpiper
- 分類▶チドリ目シギ科クサシギ属
- 生息地▶全国各地に渡来
- 体長▶22cm

幅広い地域で見られる白鳥
コハクチョウ

見分けのPOINT
- 体格が小さい
- 頸が短い
- 嘴の黄色部が小さい

成鳥と幼鳥。真ん中の3羽が幼鳥。11月撮影

鳴き声はハスキーボイス
本州以北の湖沼や河川に渡来する冬鳥。オオハクチョウに比べると南の地域でも見ることができる。亜種であるアメリカコハクチョウと非常に似ているが、コハクチョウのほうが嘴の黄色部が大きい点が違う。「コー、コーココ」「クワッ、クワッン」と鳴く。

DATA
- 学名▶Cygnus columbianus
- 英名▶Tundra Swan
- 分類▶カモ目カモ科ハクチョウ属
- 生息地▶本州以北に渡来
- 体長▶120cm

泥地を好むシギ類
タシギ

見分けのPOINT
- 眉斑がクリーム色
- 「ジェッ」としわがれ声で鳴く

第1回冬羽に移行中の成鳥。12月撮影

海岸や干潟にはいない
旅鳥の一種だが、本州中部以南では冬鳥として水田、湿地、蓮池などに渡来する。ほかのシギ類と同じように、長い嘴を使い地中の虫を食べる。クリーム色の眉斑が特徴。通常は「ジェッ」「ジュッ」などしわがれ声で鳴く。

DATA
- 学名▶Gallinago gallinago
- 英名▶Common Snipe
- 分類▶チドリ目シギ科タシギ属
- 生息地▶全国各地
- 体長▶27cm

海水浴するスズメ
ウミスズメ

見分けのPOINT
- 桃色の嘴が短く太い

夏羽へ移行中の成鳥。1月撮影

全国で見かける冬鳥または漂鳥だが、主に北海道周辺の北日本で繁殖する。港や内海で海中に潜り魚やエビを捕る。夏羽時に目の上に白い冠羽が生えるが、類似種のカンムリウミスズメに比べると短く少ない。

DATA
- 学名▶Synthliboramphus antiquus
- 英名▶Ancient Murrelet
- 分類▶チドリ目ウミスズメ科ウミスズメ属
- 生息地▶日本全国の海上
- 体長▶26cm

第4章 冬の鳥たち

朱色の腹掛けをつけた小鳥
アカハラ

見分けのPOINT
- 胸から脇にかけて橙色
- 黄褐色のアイリング

雄成鳥。3月撮影

高原に響く明るく澄んだ鳴き声

　本州中部以北では夏鳥として知られるが、本州中部以西では漂鳥または冬鳥でもある。落葉広葉樹林に生息するが、冬に暖かい地方の平地に移動するため、公園での目撃も少なくない。「キョロン、キョロン、ツリィー」とさえずり、「ツィー」などと地鳴きする。

DATA
- 学　名 ▶ Turdus chrysolaus
- 英　名 ▶ Brown-headed Thrush
- 分　類 ▶ スズメ目ヒタキ科ツグミ属
- 生息地 ▶ 全国各地
- 体　長 ▶ 24cm

年によって南下する数の変化が大きい
ユキホオジロ

見分けのPOINT
- 黒い翼に広い白色部
- 冬羽は頭部が褐色

雄冬羽。2月撮影

翼の広い白色部が目印

　日本では稀な冬鳥として、主に北海道に渡来するホオジロ類。本州では日本海側北部に、少数が渡来する。海岸の砂丘や農耕地に生息し、地上に落ちた草の実を食餌する。翼に広い白色部を持つのが特徴的で、冬羽は頭部が褐色になる。

DATA
- 学　名 ▶ Plectrophenax nivalis
- 英　名 ▶ Snow Bunting
- 分　類 ▶ スズメ目ツメナガホオジロ科ユキホオジロ属
- 生息地 ▶ 九州以北
- 体　長 ▶ 16cm

ハギの花のような鮮やかな模様
ハギマシコ

見分けのPOINT
- M字形をした尾羽
- 雄の赤紫は黒っぽく見えることもある

第1回冬羽の雄。2月撮影

地上で種を探して食べる

　主に本州中部以北に渡来する冬鳥。西日本でも少数だが見られる。地上の開けた場所を歩き回り、植物の種などを食べる。雄の冬羽は、胸や腹に赤紫色の斑紋があり、これがハギの花のように見えることから名前がついた。

DATA
- 学　名 ▶ Leucosticte arctoa
- 英　名 ▶ Asian Rosy Finch
- 分　類 ▶ スズメ目アトリ科ハギマシコ属
- 生息地 ▶ 全国各地
- 体　長 ▶ 16cm

北海道で繁殖する白黒の鳥
ハシブトガラ

見分けのPOINT
- コガラよりも低地に生息する
- 嘴の下から喉まで続く黒色

成鳥。2月撮影

コガラとよく似た見た目

　北海道の林に生息する留鳥。つがいで行動し、コガラなどと同じ群れにいることも多い。コガラとはよく似ており、見分けるのが難しいが、嘴の太さ、頭部の黒色の濃さなどが判別のポイント。「ヅビッ」と濁った声で鳴く。

DATA
- 学　名 ▶ Poecile palustris
- 英　名 ▶ Marsh Tit
- 分　類 ▶ スズメ目シジュウカラ科コガラ属
- 生息地 ▶ 北海道
- 体　長 ▶ 13cm

目撃例が希少な鳥
アカハジロ

雄成鳥夏羽。12月撮影

見分けのPOINT
- 下尾筒が白い
- 雄の頭部は暗緑色で虹彩は白色

近年目撃数が減少している冬鳥で、湖沼、池、河川などに生息する。雄は喉に小さな白斑を持っており、鉛色の嘴の先に付いている嘴爪が黒く、胸が赤褐色をしている。雄が「コロッ」、雌は「クラッ」と鳴く。

DATA
- 学名 ▶ Aythya baeri
- 英名 ▶ Baer's Pochard
- 分類 ▶ カモ目カモ科スズガモ属
- 生息地 ▶ 全国各地
- 体長 ▶ 45cm

海中で貝を捕る素潜り名人
ビロードキンクロ

第1回夏羽の雄成鳥。2月撮影

見分けのPOINT
- 雄の眼の下に白い三日月形の斑

九州以北の沿岸部に飛来する冬鳥。雄は全身黒色で、目元に白いライン、嘴の上に黒い突起がある。海に潜って貝などを捕り、潜る深さは水深20m、潜水時間は3分に及ぶこともある。

DATA
- 学名 ▶ Melanitta fusca
- 英名 ▶ Velvet Scoter
- 分類 ▶ カモ目カモ科ビロードキンクロ属
- 生息地 ▶ 九州以北
- 体長 ▶ 55cm

北米大陸からの冬のお客様
アメリカヒドリ

雄成鳥夏羽。2月撮影

見分けのPOINT
- 雄の眼の周辺から後ろに緑光沢の斑

全国に飛来する冬鳥だが、本州や九州での目撃例が特に多い。雄は額から後頭が白く、眼の周辺から後ろに緑色光沢の斑があるのでわかりやすい。近年は類似種のヒドリガモとの交雑個体が増加。

DATA
- 学名 ▶ Anas americana
- 英名 ▶ American Wigeon
- 分類 ▶ カモ目カモ科マガモ属
- 生息地 ▶ 全国各地に渡来
- 体長 ▶ 48cm

朗らかな歌声の持ち主
イカル

成鳥。2月撮影

見分けのPOINT
- 体の割に嘴が大きい

北海道から九州の平地や落葉広葉樹林に生息する留鳥または漂鳥で、一部冬鳥としても飛来する。額、頭頂、腮、目先の部分が光沢のある黒みがかった青色。「キョッ」と地鳴きし、「キィーコ、キー」とさえずる。

DATA
- 学名 ▶ Eophona personata
- 英名 ▶ Japanese Grosbeak
- 分類 ▶ スズメ目アトリ科イカル属
- 生息地 ▶ 北海道〜九州
- 体長 ▶ 23cm

竹藪にも生息する鳥
イワミセキレイ

成鳥。1月撮影

見分けのPOINT
- 胸に黒条が2本ある

全国で出没する冬鳥だが、目撃例が非常に少ない。林道、農耕地、竹藪などに生息。体上面はオリーブ褐色で、淡黄褐色の眉斑を持ち、胸部に黒い帯が2本入る。「チュチュピッ、チュチュピッ」とさえずる。

DATA
- 学名 ▶ Dendronanthus indicus
- 英名 ▶ Forest Wgtail
- 分類 ▶ スズメ目セキレイ科イワミセキレイ属
- 生息地 ▶ 全国各地
- 体長 ▶ 15〜15.5cm

逆立った冠羽を持つ鳥
ウミアイサ

雄成鳥夏羽。2月撮影

見分けのPOINT
- 嘴、虹彩、足が赤い

九州以北に冬鳥として渡来し、沿岸部、河口、海岸などに生息する。コウライアイサに似ているが、逆立った冠羽はこちらのほうが短く、虹彩が赤いのですぐに見分けがつく。「クワッ、クワッ」「コロー」と鳴く。

DATA
- 学名 ▶ Mergus serrator
- 英名 ▶ Red-breasted Merganser
- 分類 ▶ カモ目カモ科ウミアイサ属
- 生息地 ▶ 九州以北
- 体長 ▶ 55cm

第4章　冬の鳥たち

日本を訪れる最大級のワシ　冬
オオワシ

見分けのPOINT
- 肩と尾の羽が白い
- 嘴と足が橙黄色
- 脛羽が白い

成鳥。2月撮影

弱った海獣や水鳥を食べる

　オホーツク海沿岸から主に北日本の海岸、河口、湖沼に渡来する冬鳥。翼開長は2m以上で、イヌワシより大きい。ほぼ全身暗褐色で、肩、尾、脛の羽の白さが映える。イメージを裏切り、積極的な狩猟は行わない。しわがれ声で「グワッ、グワッ」と鳴く。

DATA
- 学　名▶Haliaeetus pelagicus
- 英　名▶Steller's Sea Eagle
- 分　類▶タカ目タカ科オジロワシ属
- 生息地▶北日本に渡来
- 体　長▶雄：88cm 雌：102cm W220～250cm

純白の尾羽が麗しいワシ　冬　留
オジロワシ

見分けのPOINT
- 尾が比較的短い
- 嘴、虹彩、足が淡黄色
- 「クワックワッ」と鳴く

成鳥。1月撮影

流氷の上で休憩することも

　北海道で繁殖する個体とユーラシア大陸から渡来する個体が北日本を中心に海岸、湖、沼、水辺などに留まる。主に魚を食べるがカモメを捕ることもある。全身褐色だが、尾羽だけは白い色をしているのが名前の由来。あまり鳴かないが、しわがれ声。

DATA
- 学　名▶Haliaeetus albicilla
- 英　名▶Whiite-tailed Eagle
- 分　類▶タカ目タカ科オジロワシ属
- 生息地▶九州以北に渡来
- 体　長▶雄：76～90cm 雌：86～98cm W199～238cm

チョコレート色の中型ワシ　冬　迷
カラフトワシ

見分けのPOINT
- 蝋膜と足が黄色
- 目の下に口角が来る
- 虹彩が暗褐色

成鳥。1月撮影

日本での目撃例がごく少数

　東ヨーロッパからロシア南東部にかけた地域から南に渡る。日本では宮崎県、長崎県、鹿児島県などで記録が残る迷鳥。雌雄同色で全身がチョコレート色をしており、上尾筒に白斑がある。「ピッ、ピッ」「キュッ、キュッ、キュッ」と鳴く。

DATA
- 学　名▶Aquila clanga
- 英　名▶Greater Spotted Eagle
- 分　類▶タカ目タカ科イヌワシ属
- 生息地▶北海道、本州、四国、九州、対馬、琉球半島に渡来
- 体　長▶雄：65～70cm 雌：63～73cm

見られること自体が幸運　冬　迷
コウライアイサ

見分けのPOINT
- 脇が鱗状斑模様
- 逆立った長い冠羽
- 嘴が赤く先が鉤状

雄成鳥冬羽。11月撮影

世界的に希少なカモの仲間

　大陸東部に分布する世界的な希少種だが、ごく稀に本州中部以西に現れる冬鳥。雄は緑がかった黒色、雌は茶褐色と性別で頭部の色が異なり、つがいで行動する。雄はウミアイサと、雌はカワアイサと外見が似ているが、脇の鱗状斑模様で区別することができる。

DATA
- 学　名▶Mergus squamatus
- 英　名▶Scaly-sided Merganser
- 分　類▶カモ目カモ科ウミアイサ属
- 生息地▶全国各地
- 体　長▶57cm

果実を好む冬鳥
ヒレンジャク

ヒレンジャクの雄（左）と雌（右）。2月撮影

見分けのPOINT
- 全体的に淡い灰色
- 尾羽の先端が明るい赤色

木から木へと群れで移動する

沖縄県中部以北に渡来する冬鳥。木の多い農耕地や公園に小群で現れる。ノブドウなどの柔らかい果実がある場所に集まり、食べ尽くすと別の場所に移動する。頭頂部に短い冠羽があり、後頭部から嘴にかけて黒いラインがある。

DATA
- 学　名▶Bombycilla japonica
- 英　名▶Japanese Waxwing
- 分　類▶スズメ目レンジャク科レンジャク属
- 生息地▶全国各地
- 体　長▶17〜18cm

大陸から渡来する珍客
オオノスリ

見分けのPOINT
- 羽にある暗褐色の斑点
- ノスリより大きい

成鳥。6月撮影
（撮影地：モンゴル）

羽にある斑が特徴の大型のノスリ

中国北東部やモンゴルなどで繁殖し、冬は東南アジアに渡来。日本にも稀に冬鳥として渡来することがある。小〜中型の哺乳類や、中型の鳥類を捕食する肉食性で、ノスリより大きく、体も白っぽく見える。羽に暗褐色の横斑があることがノスリとの一番の違い。

DATA
- 学　名▶Buteo hemilasius
- 英　名▶Upland Buzzard
- 分　類▶タカ目タカ科ノスリ属
- 生息地▶全国各地
- 体　長▶雄:61cm 雌:72cm W143〜161cm

鷹狩にも使われた種
クマタカ

雄成鳥。1月撮影

雌成鳥。6月撮影

見分けのPOINT
- 後頭に冠羽がある
- 虹彩が黄色または橙色
- 鳴き声が甲高い

日本ではタカだが世界標準ではワシ

日本全国の森林に生息する留鳥で、オオタカとともに鷹狩に使われてきた種でもある。世界標準に照らし合わせると、実はワシに属すべき大きな体をしている。森の食物連鎖の頂点に立つにふさわしい厳つい外見の持ち主だが、鳴き声は意外にも甲高く「ピィッ、ピィッ、ピィーッ」などと鳴く。

DATA
- 学　名▶Nisaetus nipalensis
- 英　名▶Mountain Hawk-Eagle
- 分　類▶タカ目タカ科クマタカ属
- 生息地▶北海道、本州、四国、九州
- 体　長▶雄:70〜75cm 雌:77〜83cm W140〜165cm

第4章 冬の鳥たち

ほかの海鳥から獲物を横取り
トウゾクカモメ

見分けのPOINT
- 中央尾羽が長く、ねじれたスプーン状
- 嘴が太く先端が湾曲

淡色型。1月撮影

淡色型と暗色型の2種類
　ユーラシア大陸と北アメリカ大陸の北極圏で繁殖する旅鳥または冬鳥で、日本の海上でもごく少数飛来するのが確認されている。魚も捕るが、ほかの海鳥の獲物もよく横取りすることが名前の由来。淡色型は頬から頸が淡黄色だが、暗色型は全身が黒褐色。

DATA
- 学　名 ▶ Stercorarius pomarinus
- 英　名 ▶ Pomarine Skua
- 分　類 ▶ チドリ目トウゾクカモメ科トウゾクカモメ属
- 生息地 ▶ 太平洋側の海上
- 体　長 ▶ 49cm

ほかのカモメよりも大きな嘴
ワシカモメ

成鳥冬羽。1月撮影

見分けのPOINT
- 背中と翼上面が先端まで淡い青灰色
- 嘴が大きい
- 鳴き声は「ニャーオ」「アゥー」「キィーユ」

背と翼の先が灰色な大型カモメ
　日本には冬鳥として渡来する大型カモメ類。北日本で観察される。海岸、内湾、港、河口などに生息し、非繁殖期には群れで生活する。成鳥の嘴は黄色で、下嘴に赤い斑がある。「ニャーオ」とネコのような鳴き声。

DATA
- 学　名 ▶ Larus glaucescens
- 英　名 ▶ Glaucous-winged Gull
- 分　類 ▶ チドリ目カモメ科カモメ属
- 生息地 ▶ 北日本、西日本
- 体　長 ▶ 65cm

北極圏で生きる大型カモメ
シロカモメ

見分けのPOINT
- 上面が淡い青灰色
- 冬羽時に胸に褐色斑
- 体が大きい

成鳥冬羽。1月撮影

カモメ類屈指の巨体
　北極圏で繁殖するカモメの仲間で、主に北日本の沿岸や河口に冬鳥として渡来する。西日本への渡来はごく稀。外見が類似種のワシカモメと非常によく似ているが、一回り大きく上面の色も淡いため、両方を並べるとすぐに判別できる。「アゥー」「キュー」などと鳴く。

DATA
- 学　名 ▶ Larus hyperboreus
- 英　名 ▶ Glaucous Gull
- 分　類 ▶ チドリ目カモメ科カモメ属
- 生息地 ▶ 北日本に渡来
- 体　長 ▶ 71cm

背が淡い灰色のカモメ類
セグロカモメ

成鳥冬羽。1月撮影

見分けのPOINT
- 翼上面が灰色
- 風切(主翼)の先端が尾より長く突き出る

体長の割に翼開長が大きい
　全国各地の沿岸部、沖合、河口などに渡来する冬鳥で、比較的西日本のほうが数は多い。類似種との違いがわかりづらいが、冬羽では頭部から胸にかけて灰褐色の斑が細かく入っている。体長はワシカモメよりわずかに小さいが、逆に翼開長が10cmほど大きい。

DATA
- 学　名 ▶ Larus argentatus
- 英　名 ▶ Herring Gull
- 分　類 ▶ チドリ目カモメ科カモメ属
- 生息地 ▶ 全国各地
- 体　長 ▶ 61cm

北海道でだけ見られる鳥
エゾライチョウ

見分けのPOINT
●頭頂に冠羽を持つ

雄成鳥。12月撮影

北海道の森林に生息する留鳥で、キジバトより体が大きい。冬は趾に羽毛が伸び、外側にある櫛状の突起と組み合わさると、雪の上を歩きやすい「かんじき」の役割を果たす。雄は目の上に赤い肉冠を持つ。

DATA
- 学 名▶Tetrastes bonasia
- 英 名▶Hazel Grouse
- 分 類▶キジ目キジ科エゾライチョウ属
- 生息地▶北海道
- 体 長▶36cm

尾の長いモズ類
オオカラモズ

頭から背、腰にかけて灰色。1月撮影

見分けのPOINT
●尾長で翼の白斑が多い

西日本での記録が多い冬鳥だが、数自体が少なく珍しい。非常によく似ている類似種のオオモズよりも大きく、尾も長い。また、風切に白い部分が多いため、翼の白斑がオオモズより大きい点が最大の違い。

DATA
- 学 名▶Lanius sphenocercus
- 英 名▶Chinese Grey Shrike
- 分 類▶スズメ目モズ科モズ属
- 生息地▶全国各地
- 体 長▶31cm

太っちょの深紅の小鳥
オオマシコ

見分けのPOINT
●額と腮に淡紅白色の斑

雄成鳥。2月撮影

九州以北の雑木林、草地、農耕地で生息する冬鳥。スズメより少し大きい。雄の冬羽はピンク色がかった深紅で、類似種のベニマシコに比べると落ち着いた色合いをしている。「ピィーッ」「フィッ、フィッ」と鳴く。

DATA
- 学 名▶Carpodacus roseus
- 英 名▶Pallas's Rosefinch
- 分 類▶スズメ目アトリ科オオマシコ属
- 生息地▶主に本州
- 体 長▶16〜17cm

目立つ場所に留まっている
オオモズ

見分けのPOINT
●尾はオオカラモズより短く25cm弱

成鳥。12月撮影

北海道や本州中部以北の平地、農耕地、牧草地などに生息している冬鳥。電線や低い木の上など目立つ場所に留まっているため比較的見つけやすい。大きさはモズより大きく、オオカラモズと非常によく似ている。

DATA
- 学 名▶Lanius excubitor
- 英 名▶Great Grey Shrike
- 分 類▶スズメ目モズ科モズ属
- 生息地▶九州以北
- 体 長▶24〜25cm

森林のモノマネ名人
カケス

見分けのPOINT
●初列雨覆が青色

成鳥(ミヤマカケス)。2月撮影

北海道から屋久島の森林に生息する留鳥で、キジバトぐらいの大きさ。額から頭頂部が白く、黒い縦斑が入っている。「ジェーイ」としわがれ声で鳴くが、実はほかの鳥の鳴き声や機械音をコピーすることが上手。

DATA
- 学 名▶Garrulus glandarius
- 英 名▶Eurasian Jay
- 分 類▶スズメ目カラス科カケス属
- 生息地▶北海道〜屋久島
- 体 長▶33cm

世界で最も数が多いツル
カナダヅル

見分けのPOINT
●額と前頭が赤い

成鳥。1月撮影

北アメリカで繁殖し、南のメキシコやキューバに渡る冬鳥。稀に日本の沼地や湿地に冬鳥として渡来。体は灰色で、額と前頭が赤い。ツル類で小柄だが、亜種も含めた個体数は最大。「クルルル」と鳴く。

DATA
- 学 名▶Grus canadensis
- 英 名▶Sandhill Crane
- 分 類▶ツル目ツル科ツル属
- 生息地▶鹿児島県出水地方に渡来
- 体 長▶95cm

第4章 冬の鳥たち

視力と聴覚が優れた狩人
チュウヒ

見分けのPOINT
- 蠟膜、虹彩、足が黄色で嘴が黒い
- 低空滑翔で探餌する

雌成鳥。12月撮影

雄成鳥。1月撮影

羽色に変異が多く個体差が激しい

　主に本州以南の草地や葦原のある河川に渡来する冬鳥で、北海道、東北北部では夏鳥。一部は留鳥でもある。中型の猛禽だが、雄は個体によって色彩が大きく違う。顔盤が集音しやすい形状で、さらに両眼視ができるため獲物を狩るのが上手。狩りの際は両翼を浅いV字形にして低空滑翔する。

DATA
- 学　名 ▶ Circus spilonotus
- 英　名 ▶ Eastern Marsh Harrier
- 分　類 ▶ タカ目タカ科チュウヒ属
- 生息地 ▶ 全国各地
- 体　長 ▶ 雄：48cm 雌：58cm　W113〜137cm

ガチョウの原種となった渡り鳥
ハイイロガン

見分けのPOINT
- 頭から胸にかけて淡い灰色
- 足の周辺と下尾筒が白色

成鳥。2月撮影

主に水辺の植物を食べる

　西日本を中心に稀に渡来する冬鳥。河川や水田などの水場に集まる。幅が広くがっしりとした嘴を持っており、これで植物の根や茎を引き抜いて食べる。古くから人間によって家畜化され、それが現在のガチョウとなった。

DATA
- 学　名 ▶ Anser anser
- 英　名 ▶ Greyleg Goose
- 分　類 ▶ カモ目カモ科マガン属
- 生息地 ▶ 全国各地
- 体　長 ▶ 84cm

カラスほどの大きさのタカの仲間
ハイイロチュウヒ

雄成鳥。12月撮影

見分けのPOINT
- 雄の成鳥は背面が灰色、胸と腹部が白
- 雄の成鳥は羽先ははっきりとした黒

昼は単独、夜は集団で行動する

　日本全国の水田や農耕地に現れる冬鳥。11月ごろに飛来し、3月ごろまで越冬する。餌はネズミやカエル、小鳥などの小動物で、地上近くを旋回しながら獲物を探す。昼間は単独で行動するが、夜は草むらに集まって眠るのが特徴。

DATA
- 学　名 ▶ Circus cyaneus
- 英　名 ▶ Hen Harrier
- 分　類 ▶ タカ目タカ科チュウヒ属
- 生息地 ▶ 全国各地
- 体　長 ▶ 雄：43〜47cm 雌：48〜54cm　W98〜124cm

カリガネ
マガンと混同されやすい鳥 冬

見分けのPOINT
● 嘴が短くピンク色

成鳥。1月撮影

ユーラシア大陸北部から渡来する冬鳥だが、年々数が減少している。類似種のマガンに似ている上、群れに交じっていることもある。一回り小さいことと、短い嘴と黄色のアイリングが特徴。甲高い声で鳴く。

DATA
学 名 ▶ Anser erythropus
英 名 ▶ Lesser White-fronted Goose
分 類 ▶ カモ目カモ科マガン属
生息地 ▶ 全国各地
体 長 ▶ 58cm

カワアイサ
特徴のある頭部を持つ鳥 冬 留

見分けのPOINT
● 雄の頭部は光沢ある緑色

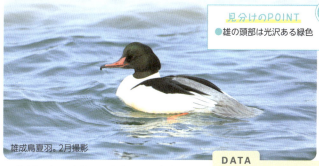
雄成鳥夏羽。2月撮影

本州以南に渡来する冬鳥で、北海道では繁殖。雄の頭部は光沢ある緑色で、後頭が膨らんで見える。雌の頭部は茶褐色で逆立った冠羽を持ち、類似種のコウライアイサの雌に似ているが、脇の模様が異なる。

DATA
学 名 ▶ Mergus merganser
英 名 ▶ Common Merganser
分 類 ▶ カモ目カモ科ウミアイサ属
生息地 ▶ 九州以北
体 長 ▶ 65cm

カワガラス
清流のそばに棲むカラス 留

成鳥。1月撮影

見分けのPOINT
● 尾は短いが足が長い

北海道から屋久島の河川や渓流沿いに生息する留鳥。水生昆虫を食べるため、水が綺麗な場所を好む。滝の裏の岩穴に巣を作ることもある。丸い体の大部分が濃茶褐色だが、翼や尾の一部は黒い。

DATA
学 名 ▶ Cinclus pallasii
英 名 ▶ Brown Dipper
分 類 ▶ スズメ目カワガラス科カワガラス属
生息地 ▶ 北海道、南千島〜屋久島
体 長 ▶ 22cm

キレンジャク
鈴の音のような声を持つ 冬

見分けのPOINT
● 黒い過眼線の長さ

雄成鳥。1月撮影

全国の林や市街地の公園、特に北日本で目撃することが多い冬鳥。オールバック風の冠羽を持つ。類似種のヒレンジャクと違い、黒い過眼線がこの冠羽に到達していない。「チリチリチリ」と鈴のように鳴く。

DATA
学 名 ▶ Bombycilla garrulus
英 名 ▶ Bohemian Waxwing
分 類 ▶ スズメ目レンジャク科レンジャク属
生息地 ▶ 全国各地（特に北日本に多い）
体 長 ▶ 19〜20cm

キンクロハジロ
金の眼と黒い背を持つ鳥 冬

見分けのPOINT
● 非常に小さい冠羽

成鳥夏羽。2月撮影

全国の湖沼、池、河川などに渡来する冬鳥。稀に海上にいる。金色の眼と黒い背が名前の由来。頭部は雄が黒に近い紫、雌が黒褐色で、どちらも小さい冠羽を持つ。雄は「フィー」、雌は「クルル」と鳴く。

DATA
学 名 ▶ Aythya fuligula
英 名 ▶ Tufted Duck
分 類 ▶ カモ目カモ科スズガモ属
生息地 ▶ 全国各地に渡来
体 長 ▶ 40cm

クロジ
黒灰色のスズメの仲間 冬 漂

見分けのPOINT
● 尾に白羽や白斑がない

雄成鳥。2月撮影

北海道から本州中部にかけて繁殖し、主に落葉広葉樹林などに生息。本州中部以南では冬鳥。雄は黒灰色、雌は暗茶褐色で、冬期はあまり光が当たらない薄暗い場所にいる。「フィー、チョイチョイ」とさえずる。

DATA
学 名 ▶ Emberiza variabilis
英 名 ▶ Grey Bunting
分 類 ▶ スズメ目ホオジロ科ホオジロ属
生息地 ▶ 主に本州以北
体 長 ▶ 16.5cm

 第4章　冬の鳥たち

仮面をかぶったような鳥
クロツラヘラサギ 🌊 冬

幼鳥は風切りの先端が黒い。12月撮影

見分けのPOINT
●顔が黒く後頭に冠羽

全国の干潟、水田、湿地などに渡来する冬鳥で、特に九州地方での目撃例が多い。長い嘴と顔が黒く、眼先の裸出部分が広いため仮面のように見える。夏羽では後頭に長い冠羽が現れるが冬羽ではこれがない。

DATA
- 学名▶Platalea minor
- 英名▶Black-faced Spoonbill
- 分類▶ペリカン目トキ科ヘラサギ属
- 生息地▶九州地方に多く渡来
- 体長▶77cm

水墨画のような灰色と黒色の鳥
クロヅル 🌊 冬

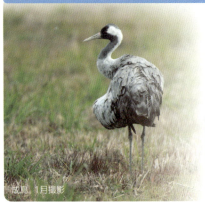

成鳥。1月撮影

見分けのPOINT
●後頸が白で体が灰色

鹿児島県や山口県に少数の渡来が確認されている冬鳥で、水田や湿地に生息。頭頂部は赤いが、そのほかの部分は後頸部の白を除いて灰色。類似種のナベヅルとの交雑が見られる。鳴き声は「ククク、クルー」。

DATA
- 学名▶Grus grus
- 英名▶Common Crane
- 分類▶ツル目ツル科ツル属
- 生息地▶九州以北
- 体長▶115cm

靴下を履いた猛禽
ケアシノスリ 🌳 🌊 冬

見分けのPOINT
●跗蹠に羽毛がある

幼鳥。1月撮影

北海道から南西諸島にかけて渡来する冬鳥で、干拓地や農耕地、さらに河原などに生息。類似種のノスリとの違いは、跗蹠に羽毛があり毛糸の靴下を履いたような足。「ピィーヨ」「ピーロロ」と高い声で鳴く。

DATA
- 学名▶Buteo lagopus
- 英名▶Rough-legged Buzzard
- 分類▶タカ目タカ科ノスリ属
- 生息地▶北海道～南西諸島
- 体長▶雄：53～57cm 雌：57～60.5cm W129～143cm

飛ぶと名前の意味がわかる
ソデグロヅル 🌊 冬 迷

成鳥。2月撮影

見分けのPOINT
●飛翔時の翼先が黒い

西日本を中心に迷鳥として渡来することがあり、水田や湿地などに生息する。静止時は赤い顔と足以外は全身が白く見えるが、隠れている初列風切や雨覆などが黒いため「袖黒」の名前がついた。

DATA
- 学名▶Grus leucogeranus
- 英名▶Siberian Crane
- 分類▶ツル目ツル科ツル属
- 生息地▶全国各地
- 体長▶135cm

ハート形の顔盤を持つ
コミミズク 🌳 冬

開けた環境を好み、昼は草のしげみで寝る。1月撮影

見分けのPOINT
●羽角が短く虹彩が黄色

ユーラシア大陸北部や北アメリカ大陸北部で繁殖し、日本では全国の草原や河原などに生息する冬鳥。体長は40cm弱で中型。羽角はかなり短く、顔の羽色は個体によって異なる。

DATA
- 学名▶Asio flammeus
- 英名▶Short-eared Owl
- 分類▶フクロウ目フクロウ科トラフズク属
- 生息地▶全国各地に渡来
- 体長▶37～39cm

雪のような白い羽を持つ
シロフクロウ 🌳 冬 迷

見分けのPOINT
●幼鳥は顔以外黒褐色の斑

雌成鳥（左）と幼鳥（右）。1月撮影

基本的に北極圏に生息するが、稀に北海道と南千島に冬鳥として飛来する。名前の通り体の大部分が白い。羽角がなく、大きい個体だと翼開長が160cmを超える大型。繁殖地で「クワッ、クワッ」と鳴く。

DATA
- 学名▶Bubo scandiacus
- 英名▶Snowy Owl
- 分類▶フクロウ目フクロウ科ワシミミズク属
- 生息地▶北日本
- 体長▶53～66cm

Winter

冬に渡来する大型のツル
マナヅル

成鳥。1月撮影

見分けのPOINT
- 眼の周りは暗い赤色
- 喉から胸、胴体にかけて灰色

鹿児島県には1万羽以上が飛来

主に中国地方以南に現れる冬鳥。特に、鹿児島県出水平野には毎年1万羽以上が飛来し、世界有数の渡来地として知られる。雑食性で、水辺で小魚やカエルを捕って食べる。ツルの中では大型で、翼を広げると210cmにもなる。

DATA
- 学 名 ▶ Grus vipio
- 英 名 ▶ White-naped Crane
- 分 類 ▶ ツル目ツル科ツル属
- 生息地 ▶ 九州を中心に全国各地
- 体 長 ▶ 127cm

紅色の帽子をかぶった小さな鳥
ベニヒワ

雄成鳥。1月撮影

見分けのPOINT
- 額が赤い
- 胸から腹部は白色に縦斑
- 「ジュッ、ジュッ」と鳴く

草むらで種などを探して食べる

本州中部以北、特に北海道で多く見られる冬鳥。大きさはスズメより小さい。群れで開けた場所に飛来し、シラカバの種などを探して食べる。名前のとおり、雄は額とあご、胸部が鮮やかな紅色をしている。雌は額だけが赤くなる。

DATA
- 学 名 ▶ Carduelis flammea
- 英 名 ▶ Common Redpoll
- 分 類 ▶ スズメ目アトリ科マヒワ属
- 生息地 ▶ 九州以北
- 体 長 ▶ 13〜14cm

針葉樹林から聞こえる口笛
ウソ

雄成鳥。1月撮影

雄成鳥（アカウソ）。4月撮影

見分けのPOINT
- スズメよりやや大きい
- 雄は黒い頭と頬から喉の赤色

ソメイヨシノの蕾を好んで食べる鳥

全国各地の平地から高山帯の針葉樹林、落葉広葉樹林、針広混交林、草地などに生息する漂鳥または冬鳥。冬は平地で越冬する。鳴き声は「フィーフィー」と爽やかなさえずりでここから口笛を意味するウソの名がついたといわれている。

DATA
- 学 名 ▶ Pyrrhula pyrrhula
- 英 名 ▶ Eurasian Bullfinch
- 分 類 ▶ スズメ目アトリ科ウソ属
- 生息地 ▶ 九州以北
- 体 長 ▶ 15.5〜16cm

第4章　冬の鳥たち

雄雌の体格差が大きいカモ
オナガガモ

雌成鳥（左）と雄成鳥夏羽（右）。1月撮影

見分けのPOINT
- 長い尾羽を持つ
- 雄は顎から胸が白い
- 雌は背や脇に鱗斑

長いのは尾羽だけではない

ユーラシア大陸や北アメリカ大陸北部から南に渡る途中、冬鳥として日本各地の湖沼、池、河川に渡来する。雄が尾羽の中央に特に長い2本の羽を持つことが名前の由来。雌の尾羽も比較的長い。また、ほかのカモ類に比べて頸が長め。「プリー、プリー」と鳴く。

DATA
- 学　名 ▶ Anas acuta
- 英　名 ▶ Northern Pintail
- 分　類 ▶ カモ目カモ科マガモ属
- 生息地 ▶ 全国各地に渡来
- 体　長 ▶ 雄：75cm 雌：53cm

雄雌どちらも色合いが地味
オカヨシガモ

第1回夏羽の雄。1月撮影

見分けのPOINT
- 嘴は雄が黒で雌が橙色
- 足が黄橙色
- 雄の胸部が細かい鱗模様

北海道東部では夏鳥

全国各地に渡来し、湖沼、池、河川などに生息する冬鳥。北海道東部で夏鳥として繁殖する例もある。カルガモより小さい。一般的なカモと違い、雄でも灰色がかった褐色と地味な色合いだが、胸部の鱗模様は緻密で美しい。雄が「クワッ」、雌が「ガーガー」と鳴く。

DATA
- 学　名 ▶ Anas strepera
- 英　名 ▶ Gadwall
- 分　類 ▶ カモ目カモ科マガモ属
- 生息地 ▶ 全国各地に渡来
- 体　長 ▶ 50cm

本来はアフリカやナイル川流域で繁殖
メジロガモ

雄成鳥夏羽。1月撮影

見分けのPOINT
- 黒い嘴の先端に嘴爪
- 雄は虹彩が白、雌は虹彩が褐色
- 「カッ」「キュッ」と小さな声で鳴く

越冬地では夜に活発に活動

日本では迷鳥として各地で稀に観察される。非繁殖地では開けた水場、繁殖地では水生植物の繁茂した河川や湖沼に生息。黒い嘴の先端に、嘴爪を持つ。雄の頭部、胸は赤褐色で、喉に白斑がある。乱獲などで生息数が減少。

DATA
- 学　名 ▶ Aythya nyroca
- 英　名 ▶ Ferruginous Duck
- 分　類 ▶ カモ目カモ科スズガモ属
- 生息地 ▶ 本州、四国、九州、宮古、八重山、大東諸島
- 体　長 ▶ 40cm

北極圏で繁殖するカモ
コオリガモ

雄成鳥夏羽。1月撮影

見分けのPOINT
- 頬から側頸の黒斑
- 雄は長い尾羽を持つ
- 虹彩が赤い

流氷浮かぶ海での越冬も

北極圏の沿岸部で繁殖し、オホーツク海やベーリング海のあたりまで南下し、日本では北海道と東北北部の沿岸に渡来する冬鳥。漁のため流氷の海に潜ることもある。雄も雌も白い顔をしているが、雄のみ長い尾羽を持つ。「アォ、アォ」と鳴く。

DATA
- 学　名 ▶ Clangula hyemalis
- 英　名 ▶ Long-tailed Duck
- 分　類 ▶ カモ目カモ科コオリガモ属
- 生息地 ▶ 北海道と東北地方北部に渡来
- 体　長 ▶ 雄：60cm 雌：38cm

Winter

日本のカモ類では最小級
コガモ

見分けのPOINT
● 雄の眼の周囲に緑の斑

雄成鳥。1月撮影

全国の湖沼、池、河川に渡来する冬鳥。地上で子育てするため雌は全体的に褐色の地味な色合いだが、雄は求愛のために眼の周囲から後頭にかけて緑の斑が出て、三列風切羽が光沢緑色に変わる。

DATA
- 学 名 ▶ Anas crecca
- 英 名 ▶ Teal
- 分 類 ▶ カモ目カモ科マガモ属
- 生息地 ▶ 全国各地に渡来
- 体 長 ▶ 37.5cm

独特の色彩を持つカモ
シノリガモ

見分けのPOINT
● 雄は上面が青色光沢

雄成鳥夏羽。12月撮影

北日本の海岸に渡来する冬鳥で、一部は渓流地で繁殖。頭部から胸の青色光沢のほか、額から後頭の黒、眼先の白斑、脇の赤栗色など、雄の体色が独特。冬期は海で小規模な群れを形成し、貝などを食べる。

DATA
- 学 名 ▶ Histrionicus histrionicus
- 英 名 ▶ Harlequin Duck
- 分 類 ▶ カモ目カモ科シノリガモ属
- 生息地 ▶ 北日本地方に渡来
- 体 長 ▶ 43cm

栗色の帯を巻いたカモ
ツクシガモ

見分けのPOINT
● 雄は嘴の基部にコブ

雌成鳥。9月撮影

主に本州南西部と九州北部に渡来する冬鳥で、干潟や内湾に生息。体は白いが、背から胸にかけて帯状に栗色。また、夏羽時に雄は嘴の基部にコブが現れる。カニや海藻が好物で「ゲッゲッゲッ」と鳴く。

DATA
- 学 名 ▶ Tadorna tadorna
- 英 名 ▶ Common Shelduck
- 分 類 ▶ カモ目カモ科ツクシガモ属
- 生息地 ▶ 本州南西部、九州
- 体 長 ▶ 62.5cm

嘴以外は黒尽くめのカモ
クロガモ

見分けのPOINT
● 雄の嘴の基部にコブ

雄成鳥。2月

全国に飛来する冬鳥だが、特に北海道や千葉県以北の太平洋側の沿岸部や沖合に生息。雄が嘴以外は黒いことが名前の由来。雌は黒褐色だが頬から頸にかけて白い。雄は「ピィー」、雌は「グルルル」と鳴く。

DATA
- 学 名 ▶ Melanitta americana
- 英 名 ▶ Black Scoter
- 分 類 ▶ カモ目カモ科ビロードキンクロ属
- 生息地 ▶ 北日本を中心に渡来
- 体 長 ▶ 48cm

東アジアで繁殖する淡水カモ類
ヨシガモ

見分けのPOINT
● 喉が白や淡黄色で黒い首輪状の斑紋

雄成鳥夏羽。2月撮影

冬鳥として越冬のため飛来し、北海道では少数が繁殖するカモ類。越冬地では、広い湖沼や川に生息。オシドリのような頭の形で、繁殖期の雄は額から後頭、眼先、頬の羽衣が赤紫、眼から後頭の羽衣が緑色。

DATA
- 学 名 ▶ Anas falcata
- 英 名 ▶ Falcated Duck
- 分 類 ▶ カモ目カモ科マガモ属
- 生息地 ▶ 九州以北
- 体 長 ▶ 48cm

絶滅の危機に瀕していた
シジュウカラガン

見分けのPOINT
● 頬と喉が白い

第1回冬羽。12月撮影

北日本の湖沼や河川に生息する冬鳥で、繁殖地でキツネによる被害が深刻化し渡来数は激減。現在は保護活動により絶滅の危機を脱したが、日本では、人為的に持ち込まれ半野生化した亜種もいる。

DATA
- 学 名 ▶ Branta hutchinsii
- 英 名 ▶ Cackling Gooset
- 分 類 ▶ カモ目カモ科コクガン属
- 生息地 ▶ 本州中部以北
- 体 長 ▶ 67cm

第4章　冬の鳥たち

はっきりとした3色が目立つカモ
ホシハジロ

見分けのPOINT
- 雄は嘴の中央部が白い

雄成鳥夏羽。12月撮影

白い背に散った星のような黒斑

全国各地の川や池に渡来する冬鳥。食性は雑食で、潜水して草の根や昆虫などを捕って食べる。雄は体色が特徴的で、頭が赤茶色、胸が黒、胴体が白と、色の境界がはっきり分かれている。「クルッ」「キュッ」と鳴く。

DATA
- 学　名▶Aythya ferina
- 英　名▶Common Pochard
- 分　類▶カモ目カモ科スズガモ属
- 生息地▶日本全国の湖沼、池、河川、河口、内湾
- 体　長▶45cm

一目で分かる大きな体と嘴
モモイロペリカン

見分けのPOINT
- 下に袋のついた嘴
- 羽の内側は白と黒の2色

成鳥夏羽。7月撮影

光沢あるピンク色をしたペリカン類

沖縄県などで観測事例のある迷鳥。非常に大型で、翼開長が270cmにもなる。繁殖期に体色がピンクになることから名前がついたが、通常はほぼ白色。喉袋がついた大きな嘴で魚以外に、ハトなどの鳥を捕まえることも。

DATA
- 学　名▶Pelecanus onocrotalus
- 英　名▶Great White Pelican
- 分　類▶ペリカン目ペリカン科ペリカン属
- 生息地▶沖縄本島、渡嘉敷島、石垣島、西表島
- 体　長▶140〜175cm

虎と同じ色を持つ鳥
トラツグミ

見分けのPOINT
- 日本産ツグミ類で最大
- 眼が大きい
- 黒褐色の鱗状斑

成鳥。1月撮影

伝説の怪物のモデル

日本全国の森に生息する留鳥で、淡黄褐色に黒褐色の鱗状斑という色の組み合わせが虎のようであることが名前の由来。春先の夕方や早朝に「ヒィー」「ツィー」と笛の音のように一斉にさえずる。その声があまりに不気味なため、伝説の怪物「鵺(ぬえ)」と同一視された。

DATA
- 学　名▶Zoothera dauma
- 英　名▶Scaly Thrush
- 分　類▶スズメ目ヒタキ科トラツグミ属
- 生息地▶北海道、本州、九州
- 体　長▶29.5cm

黒い羽のコウノトリ
ナベコウ

見分けのPOINT
- 全身がほぼ黒い
- 金属光沢を帯びている
- 体下面が白い

成鳥冬羽。1月撮影

一度見たら忘れられない鳥

ユーラシア大陸で繁殖し、日本では冬鳥として渡来することが稀にある。コウノトリの仲間だが全身が黒く、しかもメタリックな光沢の緑色や赤紫色を帯びている独特の外見のため、ほかの種と見間違えることがまずない。

DATA
- 学　名▶Ciconia nigra
- 英　名▶Black stork
- 分　類▶コウノトリ目コウノトリ科コウノトリ属
- 生息地▶全国各地
- 体　長▶99cm

星のような模様をまとったムクドリ　冬　旅
ホシムクドリ

見分けのPOINT
- 群れの中で目立つ白い斑点
- ムクドリよりも尖った嘴

成鳥冬羽。1月撮影

ムクドリの群れに紛れて行動する

全国各地に稀に現れる冬鳥。主に単独でムクドリの群れに交じっているが、島根県や鹿児島県では少数の群れが観測されている。肉食性で、地面を掘って虫などを捕らえて食べる。翼と尾羽を除いた全身に散った白い斑が星のように見えることが名前の由来。

DATA
- 学　名 ▶ Sturnus vulgaris
- 英　名 ▶ Common Starling
- 分　類 ▶ スズメ目ムクドリ科ホシムクドリ属
- 生息地 ▶ 西日本
- 体　長 ▶ 22cm

冬景色に映える白とオレンジのコントラスト　冬　迷
アカツクシガモ

見分けのPOINT
- オレンジ一色の体色
- 体側面の緑にかがやく羽

雄成鳥冬羽。12月撮影

水辺で目立つオレンジの体色

冬鳥として各地の干潟、水田、畑などに稀に渡来する。頭が白く、首から全身にかけてオレンジ色の羽毛に覆われており、ほかのカモ類と比べて非常に目立つ。夏羽の雄は首に黒いリング状の部分があり、そこが見分けるポイント。

DATA
- 学　名 ▶ Tadorna ferruginea
- 英　名 ▶ Ruddy Shelduck
- 分　類 ▶ カモ目カモ科ツクシガモ属
- 生息地 ▶ 東北地方以南
- 体　長 ▶ 63.5cm

急降下で獲物を仕留めるハンター　冬　留
ハヤブサ

見分けのPOINT
- 胸から腹が茶色のまだら模様
- 嘴は黒く足は黄色

成鳥。2月撮影

都会に巣を作ることもある

北日本を中心に、全国各地で見られる留鳥。海岸の崖や農耕地に生息するほか、ビル街に巣を作ることもある。肉食性で、ハトやムクドリなど小型の鳥を襲って食べる。狩りの際には上空から一気に急降下し、最高速度は時速300kmに達する。

DATA
- 学　名 ▶ Falco peregrinus
- 英　名 ▶ Peregrine Falcon
- 分　類 ▶ ハヤブサ目ハヤブサ科ハヤブサ属
- 生息地 ▶ 全国各地
- 体　長 ▶ 雄：42cm、雌：49cm

ヒシの実を好むガンの一種　冬
ヒシクイ

見分けのPOINT
- 足の色は明るいオレンジ色
- 「グガガッ」と大きな声で鳴く

第1回冬羽。2月撮影

テープのような嘴の模様が目立つ

日本全国の水田や湿原に渡来する冬鳥。名前のとおりヒシの実を割って食べるほか、草の根や茎など、植物性のものを餌とする。嘴は全体的に黒いが、中央部分にテープで巻いたようなオレンジ色の模様があるのが特徴。

DATA
- 学　名 ▶ Anser fabalis
- 英　名 ▶ Bean Goose
- 分　類 ▶ カモ目カモ科マガン属
- 生息地 ▶ 全国各地
- 体　長 ▶ 85〜95cm

第4章　冬の鳥たち

ハトより小さい猛禽類
コチョウゲンボウ

見分けのPOINT
- 尾羽が短い
- ホバリングはしない
- 白い眉斑を持つ

雄成鳥。1月撮影

小柄だがスピードは抜群
　主に九州以北の農耕地、干拓地、草地などに渡来する冬鳥。類似種のチョウゲンボウのようなホバリングはせず、狙った獲物（小鳥など）は素早く襲いかかり仕留める。大きさはキジバトぐらいで小柄。「クィッ、クィッ」「キッ、キッ」と鳴く。

DATA
- 学　名 ▶ Falco columbarius
- 英　名 ▶ Merlin
- 分　類 ▶ ハヤブサ目ハヤブサ科ハヤブサ属
- 生息地 ▶ 全国各地に渡来
- 体　長 ▶ 雄：28cm 雌：32cm　W64～73cm

和名がない旅鳥
チフチャフ

見分けのPOINT
- 体長12cmほど
- 丸みが強い体型
- 嘴と足が黒く細い

日本に渡来することは稀。1月撮影

外見が地味な珍鳥
　主に日本海側の島嶼に渡来する旅鳥。西日本を中心に冬鳥として少数が渡来する。類似種のムジセッカと似ているが、チフチャフのほうは上面の灰褐色がオリーブ色がかっており、足の色が異なる。外見は地味で平凡だが渡来数が少ないため珍鳥とされている。

DATA
- 学　名 ▶ Phylloscopus collybita
- 英　名 ▶ Common Chiffchaff
- 分　類 ▶ スズメ目ムシクイ科ムシクイ属
- 生息地 ▶ 日本海側の島、平地の水辺周辺
- 体　長 ▶ 12cm

特殊な巣の作り方をする
ツリスガラ

見分けのPOINT
- 雄は黒く太い過眼線が額で繋がっている
- 翼帯がある

雄成鳥。2月撮影

小さいけれど腕利き大工
　本州中部以南の葦原に渡来する冬鳥で、葦の中にいる虫を食べる。スズメより小さくて、葦の茎を使って木の枝から吊り下がった状態の巣を作ることが名前の由来。アイマスクのような、太い黒の過眼線が特徴。メジロ似のか細い声で「ツィー」と地鳴きする。

DATA
- 学　名 ▶ Remiz pendulinus
- 英　名 ▶ Eurasian Penduline Tit
- 分　類 ▶ スズメ目ツリスガラ科ツリスガラ属
- 生息地 ▶ 本州中部以南
- 体　長 ▶ 11cm

特徴的な模様を持つカモ
トモエガモ

見分けのPOINT
- 雄は夏羽時に顔に黒い巴模様が出る
- 嘴から後頭に細い白線

第1回夏羽の雄成鳥。1月撮影

派手な蓑を背負う
　主に本州以南の日本海側に渡来する冬鳥で、湖沼、池、河川など水辺に生息する。雄は顔に黒で縁取りされた巴状の模様が出ることが名前の由来。また、雄の肩羽は蓑（みの）状で脇にかかるほど長く（雌の肩羽は普通）、赤褐色、茶褐色、クリーム色の3色でカラフル。

DATA
- 学　名 ▶ Anas formosa
- 英　名 ▶ Baikal Teal
- 分　類 ▶ カモ目カモ科マガモ属
- 生息地 ▶ 本州以南の日本海側
- 体　長 ▶ 40cm

単独した種と認められた
ニシオジロビタキ

見分けのPOINT
- 上嘴が黒、下嘴が淡黄
- 雄の赤い部分が胸まである
- 上尾筒が灰褐色

雄成鳥。1月撮影

オジロビタキの亜種？

全国の林や公園で見ることができる冬鳥で、大きさや色がオジロビタキと瓜二つのため、その亜種ではないかと長らく思われてきた。繁殖地の範囲が異なり、さらに嘴や上尾筒の色などが違い、別種と認められた。「ティキ、ティキ、ティキ」と地鳴きする。

DATA
- 学 名 ▶ Ficedula parva
- 英 名 ▶ Red-breasted Flycatcher
- 分 類 ▶ スズメ目ヒタキ科キビタキ属
- 生息地 ▶ 全国各地
- 体 長 ▶ 11〜12cm

よく見ると違いがわかる
ニュウナイスズメ

見分けのPOINT
- 雄は頬が白い
- スズメより赤みが強い
- スズメよりやや小さい

雄成鳥冬羽。1月撮影

歌人の生まれ変わり？

北海道から本州中部にかけては夏鳥だが、本州中部以南では冬鳥になる。類似種のスズメとは違い、頬が白い。ニュウナイは漢字で「入内（内裏に入る）」と表記するため、スズメに転生し内裏の米を食い荒らした歌人・藤原実方の伝説にちなむという説がある。

DATA
- 学 名 ▶ Passer rutilans
- 英 名 ▶ Russet Sparrow
- 分 類 ▶ スズメ目スズメ科スズメ属
- 生息地 ▶ 九州以北
- 体 長 ▶ 14cm

家族単位で行動する
ナベヅル

見分けのPOINT
- 頸が白く体が灰黒色
- 眼の上に赤斑
- 額から眼先が黒い

成鳥（左2羽）と幼鳥（右）。12月撮影

鹿児島と山口に渡来

アジア北部で繁殖し、鹿児島県出水地方と山口県周南市に渡来が確認されている冬鳥。九州を中心にほかの地域でも渡来地が増えている。水田や河川に生息し、家族単位で行動する。類似種のクロヅルとの交雑種「ナベクロヅル」も一緒に渡来する。

DATA
- 学 名 ▶ Grus monacha
- 英 名 ▶ Hooded Crane
- 分 類 ▶ ツル目ツル科ツル属
- 生息地 ▶ 西日本を中心に全国各地
- 体 長 ▶ 100cm

身軽で飛ぶのが得意な小型のアイサ類
ミコアイサ

見分けのPOINT
- 雄は目の回りに黒斑
- 嘴の縁がノコギリの歯のようにぎざぎざしている

雄成鳥。1月撮影

パンダのような黒斑が特徴

日本には主に冬鳥として渡来する小型のアイサ類。雄は目の回りにパンダのような黒斑があり、雌とエクリプス（非繁殖羽）は頭が茶色で、ほおが白い。小型のため動きが軽快で、ほんの少しの助走で水面から飛び立つことが可能である。

DATA
- 学 名 ▶ Mergellus albellus
- 英 名 ▶ Smew
- 分 類 ▶ カモ目カモ科ミコアイサ属
- 生息地 ▶ 全国各地
- 体 長 ▶ 42cm

第4章　冬の鳥たち

「レイヴン」として知られる大型カラス
ワタリガラス

見分けのPOINT
- 全身黒色
- 飛翔時の尾がくさび型
- ハシブトガラスよりも一回り大きい

成鳥。2月撮影

欧米ではカラスの代名詞

日本では冬鳥として北海道で観察される大型のカラス。「オオガラス」とも。全身が黒色でハシブトガラスよりも一回り大きく、その全長は63cm。世界中の伝説や文学で扱われている鳥である。飛翔時、尾の形がくさび型となる。

DATA
- 学　名▶Corvus corax
- 英　名▶Northern Raven
- 分　類▶スズメ目カラス科カラス属
- 生息地▶北海道
- 体　長▶63cm

赤い嘴と足を持つ水鳥
ミヤコドリ

見分けのPOINT
- 上面は黒く、胸から腹、翼に白い部分
- 嘴と足が長くて赤い
- 飛翔時に「ビビッ」「クリッ」と短い声を出す

第1回冬羽。1月撮影

白黒に塗り分けられた体色

日本では旅鳥、または冬鳥として、干潟や岩礁の海岸に渡来する。小さな群れを作って生活し、越冬するものもいる。赤くて長い嘴は縦に平たく、二枚貝に穴を開けたり、こじ開けて食べるのに適している。足も赤い。

DATA
- 学　名▶Haematopus ostralegus
- 英　名▶Oystercatcher
- 分　類▶チドリ目ミヤコドリ科ミヤコドリ属
- 生息地▶全国各地
- 体　長▶45cm

かつては数万の群れも存在した
ミヤマガラス

見分けのPOINT
- 全身が黒色で嘴の根元が白
- 「グワー、グワー」と細い声で鳴く
- ハシボソガラスより小型

成鳥。12月撮影

全身真っ黒なカラス類

日本では越冬のためほぼ全国に渡来する冬鳥で、ハシボソガラスより小型。森林や農耕地で、数十羽から数百羽の群れで生活する。全身は黒い羽毛で覆われ、成鳥では、細い嘴の基部の皮膚が剥き出しになり、白く見える。

DATA
- 学　名▶Corvus frugilegus
- 英　名▶Rook
- 分　類▶スズメ目カラス科カラス属
- 生息地▶全国各地
- 体　長▶47cm

ウミガラスによく似た鳥
ハシブトウミガラス

見分けのPOINT
- ウミガラスより嘴が太い
- 上嘴基部に白色の線がある

成鳥夏羽。7月撮影
（撮影地：アラスカ）

飛ぶより泳ぎが上手い鳥

本州中部以北の海上に渡来する冬鳥。日本では稀な鳥とされていたが、近年、冬の太平洋上でよく観察されている。繁殖期は魚類を主に食べ、非繁殖期は軟体動物や甲殻類の量が多くなるといわれている。「アーアー」としゃがれた声で鳴く。

DATA
- 学　名▶Uria lomvia
- 英　名▶Thick-billed Murre
- 分　類▶チドリ目ウミスズメ科ウミガラス属
- 生息地▶本州中部以北の海上
- 体　長▶46cm

アネハヅル

日本には稀に迷い鳥として渡来

成鳥。5月撮影

見分けのPOINT
- 全身は青味を帯びた淡い灰色
- 頭部は黒く眼の後方に白い房状の飾り羽
- 嘴は黄色く足は黒い

ヒマラヤ山脈を越えるツル

　世界最小のツル。シベリアやチベット高原、モンゴルなどの温帯域で繁殖し、日本には稀に迷鳥として渡来し草原に生息。昆虫や穀類などを食べる。頭から首にかけて黒色で、目の後ろから白い飾り羽が生えているのが特徴。足は黒色で嘴は黄色。

DATA
- 学　名 ▶ Anthropoides virgo
- 英　名 ▶ Demoiselle Crane
- 分　類 ▶ ツル目ツル科アネハヅル属
- 生息地 ▶ 全国各地
- 体　長 ▶ 95cm

アビ

流線型の体つきをした大型の水鳥

成鳥夏羽。5月撮影

見分けのPOINT
- 嘴がやや反り返っている
- 冬羽は額から後頸にかけて黒褐色
- 「グゥーグゥー、ヘェーンヘェーン」と鳴く

かつては伝統漁にも利用された

　日本には九州以北に渡来。海洋に生息し、魚類を食べる。嘴がやや反り返っており、背中に白い斑模様がある。古来、瀬戸内海では、アビ類を目印にした漁が行われていたが、近年ではアビが激減したため伝統が途絶えてしまっている。

DATA
- 学　名 ▶ Gavia stellata
- 英　名 ▶ Red-throated Loon
- 分　類 ▶ アビ目アビ科アビ属
- 生息地 ▶ 九州以北の海岸に渡来
- 体　長 ▶ 63cm

ミツユビカモメ

繁殖期以外は外洋で生活する

成鳥冬羽。3月撮影　　成鳥夏羽。7月撮影

見分けのPOINT
- 体下面は白い羽毛で覆われている
- 幼鳥は翼上面は灰色で「M」字状の黒斑
- 初列風切の先端が黒

越冬のために渡来して海岸で営巣し繁殖する

　日本では冬期に越冬のために、九州以北に渡来する小型のカモメ類。海が荒れたときは、海岸で観察でき、繁殖も海岸の崖で、コロニーを作って行う。和名は、第1趾が痕跡的で、趾が3本しかないように見えることに由来する。全身は白い羽毛で覆われ、成鳥は翼上面は青味がかった灰色で、幼鳥はアルファベットの「M」字状の黒斑がある。

DATA
- 学　名 ▶ Rissa tridactyla
- 英　名 ▶ Black-legged Kittiwake
- 分　類 ▶ チドリ目カモメ科ミツユビカモメ属
- 生息地 ▶ 九州以北
- 体　長 ▶ 41cm

第4章　冬の鳥たち

東アジアに分布しロシアなどで繁殖
シロハラ

第1回冬羽の雄。3月撮影

見分けのPOINT
- 全身が灰褐色で腹部が白っぽい
- 尾の先に白斑
- 雌の方が顔や腹部が白っぽい

尾の先に白斑がある

　日本には冬鳥として渡来。落葉樹林の笹などの下生えが茂っているところに生息する。単独で行動し、地上を跳ねて昆虫や小動物を食べる。全身が灰褐色で腹部が白っぽく、尾の先に白斑を持つ。また、雄より雌の方が顔や腹部が白っぽい。

DATA
- 学　名 ▶ Turdus pallidus
- 英　名 ▶ Pale Thrush
- 分　類 ▶ スズメ目ヒタキ科ツグミ属
- 生息地 ▶ 全国各地
- 体　長 ▶ 24〜25cm

イカルによく似たアトリの仲間
コイカル

雌成鳥。3月撮影

見分けのPOINT
- 雄は頭の黒色部が大きく翼の先が白い
- 雌は頭の黒色部がない
- 波状に上下に揺れるように飛ぶ

人里や市街地で観察できる

　日本には稀な冬鳥として渡来するアトリの仲間。平地から山地の、落葉広葉樹林に生息し、市街地の公園近くにも現れる。ムクノキやセンダンなどの木の実を樹上で食べたり、地上でついばんだりする。波状に上下に揺れるように飛翔する。

DATA
- 学　名 ▶ Eophona migratoria
- 英　名 ▶ Chinese Grosbeak
- 分　類 ▶ スズメ目アトリ科イカル属
- 生息地 ▶ 主に西日本
- 体　長 ▶ 19cm

ウミスズメ科では最小の種類
コウミスズメ

成鳥夏羽。5月撮影（撮影地：アラスカ）

見分けのPOINT
- 嘴、首、尾羽が短い
- 頭から背面は黒色で下面は白色
- 肩羽に白斑を持つ

食事量は体重の8割以上

　北日本の沿岸に群れで渡来するウミスズメ科の海鳥。翼と足を使って巧みに海中へ潜水し、オキアミや小魚などを食べる。食事量はかなり多く、1日に自分の体重の86%もの量を食べる。嘴、首、尾羽が短く、全体的に体形が丸っこい。

DATA
- 学　名 ▶ Aethia pusilla
- 英　名 ▶ Least Auklet
- 分　類 ▶ チドリ目ウミスズメ科エトロフウミスズメ属
- 生息地 ▶ 主に本州北部以北に渡来
- 体　長 ▶ 15cm

小群で海上生活する天然記念物
コクガン

第1回冬羽。4月撮影

見分けのPOINT
- 上頸に白い首輪状の斑紋がある
- 頭部から頸部、胸部の羽衣は黒色
- 「グルルグルル」という低い声で鳴く

喉に白い首輪をしたガン

　日本には冬鳥として北日本に渡来するガン類。日本では波の穏やかな内湾で生息する。小群で海上生活し、夜間も水に浮かんで過ごす。上半身を水に入れ逆立ちしながら、アマモやアオノリなどを食べる。上頸に白い首輪状の斑紋があり上面が黒い。

DATA
- 学　名 ▶ Branta bernicla
- 英　名 ▶ Brant Goose
- 分　類 ▶ カモ目カモ科コクガン属
- 生息地 ▶ 北海道東南部、東北地方の沿岸に渡来
- 体　長 ▶ 61cm

乱獲されて数を減らした悲劇の鳥
アホウドリ

見分けのPOINT
- 全体的に大型で全身は白色
- 羽の一部は黒色
- 頭部は黄色

幼鳥（2〜3年目）。7月撮影

絶滅寸前から保護されて国の特別天然記念物に指定

夏はベーリング海などに生息し、秋春には伊豆諸島や尖閣諸島で繁殖。動きが遅く、容易に捕獲されてしまうことが数を減らした原因でもある。羽毛目的などで乱獲されて生息数が激減したが、その後、生息地の保護が開始され、現在では数を増やしている。

DATA
- 学　名 ▶ Phoebastria albatrus
- 英　名 ▶ Short-tailed Albatross
- 分　類 ▶ ミズナギドリ目アホウドリ科アホウドリ属
- 生息地 ▶ 北太平洋
- 体　長 ▶ 100cm W240cm

翼開長2mで「小型」の鳥
コアホウドリ

見分けのPOINT
- 背中が白いアホウドリに対して、背中が黒い
- 目の周りが黒い

成鳥。7月撮影

黒い部分が多いところがアホウドリとの相違点

北太平洋に分布する、アホウドリより小型の鳥。小型とはいっても、翼開長は2m程度あり、体色は翼と背中は黒褐色で、それ以外は白色となっている。また、目の周りと嘴の先も、やや黒くなっており、顔が白いアホウドリと異なる点となっている。

DATA
- 学　名 ▶ Phoebastria immutabilis
- 英　名 ▶ Laysan Albatross
- 分　類 ▶ ミズナギドリ目アホウドリ科アホウドリ属
- 生息地 ▶ 本州以北の太平洋
- 体　長 ▶ 80cm W200cm

優雅に空を飛ぶ巨大なアホウドリ
クロアシアホウドリ

見分けのPOINT
- 全長が2mを超える両翼
- 全身が黒い

若鳥。7月撮影

両翼の長さは2m！黒い巨体が太平洋を舞う

小笠原諸島でも繁殖が確認された、北太平洋に生息する海鳥。広げると2mを超える細い両翼を持つ大型の鳥で、額や目の部分などを除き、全身が暗褐色になっている。ほとんど羽ばたくことなく、風に乗って滑空するように空を飛ぶ。

DATA
- 学　名 ▶ Phoebastria nigripes
- 英　名 ▶ Black-footed Albatross
- 分　類 ▶ ミズナギドリ目アホウドリ科アホウドリ属
- 生息地 ▶ 北太平洋
- 体　長 ▶ 70cm W210cm

オオハムとの違いは首の模様
シロエリオオハム

見分けのPOINT
- 冬羽の白い喉にできる黒の縞

成鳥夏羽。6月撮影

日本に多いアビ科の鳥

冬の九州以北に渡来する鳥。海岸のほか、河川など内陸の水辺にも現れる。オオハムより小型で、夏羽は首の光沢が紫色に帯びてゆき、黒色の背中に白色の斑がある。冬羽では、白い首に輪っかのような1本の黒い横縞が入る。

DATA
- 学　名 ▶ Gavia Pacifica
- 英　名 ▶ Pacific Loon
- 分　類 ▶ アビ目アビ科アビ属
- 生息地 ▶ 冬鳥として九州以北に渡来するが南西諸島では稀
- 体　長 ▶ 65cm W112cm

第4章　冬の鳥たち

一度見たら忘れない愛嬌のある顔
ツノメドリ

成鳥。5月撮影

見分けのPOINT
●縦に平たい嘴

北大西洋に生息する海鳥。根元が黄色、先端がオレンジ色、縦に平たい嘴が特徴で、目からは細くて黒い縞が伸びている。この黒縞が角のように見えるのが名前の由来。顔と腹部は白色、それ以外は黒色。

DATA
- 学名 ▶ Fratercula corniculata
- 英名 ▶ Horned Puffin
- 分類 ▶ チドリ目ウミスズメ科ツノメドリ属
- 生息地 ▶ 本州以北の海上
- 体長 ▶ 38cm

日本産のハト類では最小サイズ
ベニバト

雄成鳥。4月撮影

見分けのPOINT
●雄の体はあずき色で、頭は灰色

本州中部以西の平地の農耕地、草地、人家周辺の林などに生息する数少ない旅鳥または冬鳥。一定の採食場に、毎日同じくらいの時間に渡来して、主に植物の種子を採食する。夕方にはねぐらへ帰る。

DATA
- 学名 ▶ Streptopelia tranquebarica
- 英名 ▶ Red Turtle Dove
- 分類 ▶ ハト目ハト科キジバト属
- 生息地 ▶ 本州中部以西、南西諸島、八重山諸島
- 体長 ▶ 23cm

森林の小さなコーラス隊
マヒワ

見分けのPOINT
●顔や胸が黄色

第1回冬羽の雄成鳥。10月撮影

全国の林、草原、河川敷などに生息する冬鳥。スズメより一回り小さい体で、黄色が美しい。カバノキなどの球果に集まることが多い。春になると集団で一斉にさえずる「コーラス」を行うことでも知られる。

DATA
- 学名 ▶ Carduelis spinus
- 英名 ▶ Eirasian Siskin
- 分類 ▶ スズメ目アトリ科マヒワ属
- 生息地 ▶ 全国各地の平地、山地の林、草原、河川敷
- 体長 ▶ 12〜13cm

独特の冠羽が特徴
エトロフウミスズメ

成鳥夏羽。7月撮影（撮影地：アラスカ）

見分けのPOINT
●額の独特な冠羽

日本には冬鳥として北海道沖などに渡来する海鳥。額から突き出ている冠羽と、目の後ろに生えた白い飾り羽が特徴で、黒い胴体にオレンジの嘴を持つ。海上では、大きな集団となって生息している。

DATA
- 学名 ▶ Aethia cristatella
- 英名 ▶ Crested Auklet
- 分類 ▶ チドリ目ウミスズメ科エトロフウミスズメ属
- 生息地 ▶ 本州北部の海上に渡来
- 体長 ▶ 24cm

淡色型と黒色型が存在
コクマルガラス

見分けのPOINT
●成鳥は首から腹部が白色

成鳥（淡色型）。6月撮影（撮影地：モンゴル）

冬になると本州以西や九州に渡来する旅鳥。カラスの中では小型で、嘴も小さく短い。また、幼鳥は全身が黒っぽい「暗色型」で、成鳥になると首から腹部にかけて白く、ほかが黒い「淡色型」となる。

DATA
- 学名 ▶ Corvus dauuricus
- 英名 ▶ Daurian Jackdaw
- 分類 ▶ スズメ目カラス科カラス属
- 生息地 ▶ 主に西日本
- 体長 ▶ 33cm

長い後趾の爪に注目
ツメナガホオジロ

雄成鳥夏羽。7月撮影（撮影地：アラスカ）

見分けのPOINT
●後趾が長い

主に本州中部以北に渡来する冬鳥で、海岸近くの草原などに生息する。後趾の爪が長いことからこの名がついた。体上面は茶褐色で、翼は白色、黒色、茶色の斑模様があるのが特徴。

DATA
- 学名 ▶ Calcarius lapponicus
- 英名 ▶ Lapland Longspur
- 分類 ▶ スズメ目ツメナガホオジロ科ツメナガホオジロ属
- 生息地 ▶ 北海道、本州中部以北
- 体長 ▶ 16cm

無口のイメージが強い小鳥
ツグミ

第1回夏羽に移行中の雄。3月撮影

夏羽に移行中の雄成鳥。2月撮影

見分けのPOINT
- 胸部に黒い斑点
- 眉斑が白い
- 翼が赤褐色

美味なことが仇となり密猟者の標的に

シベリア北東部や中国南部から日本全国に渡来する代表的な冬鳥で、林、畑、牧草地などで見かけることができる。ぴょんぴょんと跳ねながら昆虫を食べる。冬はほとんど鳴かず、一説によれば「(口を)つぐむ」のが名前の由来とされるが、「キョッ、キョッ」と甲高く地鳴きする。胸の部分に黒い斑点があり、眉斑が白色で、翼は赤褐色。

DATA
- 学 名 ▶ Turdus naumanni
- 英 名 ▶ Dusky Thrush
- 分 類 ▶ スズメ目ヒタキ科ツグミ属
- 生息地 ▶ 全国各地
- 体 長 ▶ 24cm

胸にキレイな3色の帯
オガワコマドリ

第1回冬羽から第1回夏羽へ移行中の雄。3月撮影

見分けのPOINT
- 額から尾にかけての上面がオリーブ褐色
- 雄の喉は青く、喉から腹部にかけて黒色、白色、茶褐色の横帯を持つ

日本海側での観察例が多い

日本には、稀な冬鳥として渡来する小型の鳥で、水辺の藪や葦原に生息。嘴を使い枯れ草をかき分けながら、昆虫類の幼虫を食べる。額から尾にかけての上面がオリーブ褐色で、「チュルチュル」「チュリチュリ」と鳴く。

DATA
- 学 名 ▶ Luscinia svecica
- 英 名 ▶ Bluethroat
- 分 類 ▶ スズメ目ヒタキ科ノゴマ属
- 生息地 ▶ 全国各地
- 体 長 ▶ 15cm

オウムのような嘴の海鳥
ウミオウム

成鳥夏羽。5月撮影(撮影地:アラスカ)

見分けのPOINT
- 嘴が赤色で太く短い
- 下の嘴が上に反りかえる
- 目の後ろに細くて白い飾り羽

非繁殖期には海上で生活

日本では本州北部以北の海上で観察される冬鳥。非繁殖期にはあまり大きな群れは作らず、海上で生活する。沿岸から離れた外洋でオキアミなどを捕餌する。赤色の嘴は太くて短く、さらに下の嘴が上に反りかえっている。

DATA
- 学 名 ▶ Aethia psittacula
- 英 名 ▶ Parakeet Auklet
- 分 類 ▶ チドリ目ウミスズメ科エトロフウミスズメ属
- 生息地 ▶ 本州北部以北に渡来
- 体 長 ▶ 24cm

第4章　冬の鳥たち

積雪の少ない地方で越冬する冬鳥
カシラダカ

見分けのPOINT
- 後頭部に短い冠羽
- 雄の夏羽は頭部が黒く、目の上から白い側頭線
- 地鳴きは「チッ、チッ」

第1回冬羽から第1回夏羽へ移行中。5月撮影

群れだが、まとまりは弱い

日本では冬鳥として九州以北に渡来する。時には数百羽の群れで生活し、明るい林や川原、農耕地で観察される。後頭部に短い冠羽があり、「カシラダカ」という和名は興奮するとこの冠羽を立たせる習性に由来する。「チッ、チッ」と地鳴きする。

DATA
- 学　名 ▶ Emberiza rustica
- 英　名 ▶ Rustic Bunting
- 分　類 ▶ スズメ目ホオジロ科ホオジロ属
- 生息地 ▶ 全国各地
- 体　長 ▶ 15cm

八重山諸島で越冬する個体も
カラムクドリ

見分けのPOINT
- 頭部、背、下面は灰褐色
- 雄は風切と尾が緑色光沢のある黒色
- 「キュルキュル」と地鳴きする

雄成鳥。4月撮影

本州でも少数ながら観察

日本には稀な冬鳥または旅鳥として渡来するムクドリの仲間。農耕地や林縁、人家の周辺に1羽から数羽で渡来し、樹上で採餌することが多い。頭部と背と下面が灰褐色で、雄は風切と尾が緑色光沢のある黒色をしている。

DATA
- 学　名 ▶ Sturnia sinensis
- 英　名 ▶ White-shouldered Starling
- 分　類 ▶ スズメ目ムクドリ科カラムクドリ属
- 生息地 ▶ 九州南部、南西諸島
- 体　長 ▶ 20cm

東北地方の中部以南で越冬
タヒバリ

成鳥夏羽。3月撮影

冬羽。2月撮影

見分けのPOINT
- 冬羽は頭部から背中までの上面が灰褐色
- 喉から体下面が黄白色
- 繁殖期には「チッチッチーチー」とさえずる

胸から腹にまだら模様
スマートなセキレイ類

日本に冬鳥として全国各地に渡来するスマートなセキレイ類。農耕地、川原などの開けた土地に生息する。食餌は地上で行い、野焼きしたあとの土手などを歩きながら昆虫や草の実をついばむ。ほかのセキレイ類と同様に、尾を上下によく振る。胸から腹にかけて斑模様があり、喉から下面にかけて黄白色をしている。

DATA
- 学　名 ▶ Anthus rubescens
- 英　名 ▶ Buff-bellied Pipit
- 分　類 ▶ スズメ目セキレイ科タヒバリ属
- 生息地 ▶ 全国各地
- 体　長 ▶ 16cm

シメ
太い嘴で種子を割るアトリの仲間

見分けのPOINT
- 嘴が太く尾が短い
- 風切羽が青黒色で背が暗褐色

雄成鳥夏羽。5月撮影

平地から山地の落葉広葉樹林などの明るい林に生息。つがいで生活し木の枝の上に枯れ草で椀型の巣を営巣する。ムクノキやカエデなどの種子を、太い嘴で割って中身を食べる。嘴が太く尾が短い。

DATA
- 学　名 ▶ Coccothraustes coccothraustes
- 英　名 ▶ Hawfinch
- 分　類 ▶ スズメ目アトリ科シメ属
- 生息地 ▶ 全国各地に渡来
- 体　長 ▶ 19cm

タカサゴモズ
トカゲなどの小動物を採餌

見分けのPOINT
- 過眼線が黒色
- 頭部が灰色

成鳥。3月撮影

日本には稀な冬鳥または旅鳥として渡来。開けた森林や農耕地、草地などに生息。低い枝や高い草に留まり地上の昆虫類やトカゲなどを捕食する。頭部が灰色で、嘴の基部から頭部へ続く過眼線は黒色。

DATA
- 学　名 ▶ Lanius schach
- 英　名 ▶ Long-tailed Shrike
- 分　類 ▶ スズメ目モズ科モズ属
- 生息地 ▶ 本州、九州、琉球諸島
- 体　長 ▶ 24〜25cm

クイナ
薮の中にいるので姿が見られない

見分けのPOINT
- 嘴の下が赤い
- 腹から脇に白色と黒色の横縞模様

クイナは湿地の草の中を歩く習性がある。4月撮影

嘴の下が赤いクイナ類。背の高い草に覆われた湿地、池沼畔、河川畔などに生息。半夜行性で、昼間は茂みの中で休んでいる。頭から背は暗褐色で縦斑があり、腹から脇には白色と黒色の横縞模様がある。

DATA
- 学　名 ▶ Rallus aquaticus
- 英　名 ▶ Water Rail
- 分　類 ▶ ツル目クイナ科クイナ属
- 生息地 ▶ 夏鳥として本州中部以北に渡来。それ以南では冬鳥
- 体　長 ▶ 29cm

ノハラツグミ
本来はヨーロッパやロシアの渡り鳥

見分けのPOINT
- 頭から後頭が青灰色
- 背中央や肩羽、雨覆が茶褐色

第1回冬羽。3月撮影

日本では、迷鳥として観察される。60年代の観察例が唯一の記録だったが、その後、各地で記録されるようになった。ツグミよりもやや大きく、頭から後頸と耳羽は青灰色で白い眉斑がある。嘴は黄色い。

DATA
- 学　名 ▶ Turdus pilaris
- 英　名 ▶ Fieldfare
- 分　類 ▶ スズメ目ヒタキ科ツグミ属
- 生息地 ▶ 全国各地
- 体　長 ▶ 25〜26cm

オオハム
全国の海上、沿岸に生息する冬鳥

見分けのPOINT
- 黒色でまっすぐとがった嘴
- 頭頂部が平らである

成鳥夏羽。4月撮影

日本には冬鳥として、九州以北の沿岸に渡来。潜水して魚類などを捕食する。飛翔の際は、水面を足で蹴って助走をつけ、直線的に飛びあがる。嘴が黒色でまっすぐとがっており、頭頂部が平ら。

DATA
- 学　名 ▶ Gavia arctica
- 英　名 ▶ Black-throated Loon
- 分　類 ▶ アビ目アビ科アビ属
- 生息地 ▶ 九州以北に渡来
- 体　長 ▶ 72cm

スズガモ
海ガモ類の中で最も渡来数が多い

見分けのPOINT
- 飛ぶときの羽音が金属質で鈴の音に似る
- 嘴は灰青色で目は黄色

雄成鳥夏羽。5月撮影

海岸に多数渡来する小型の海ガモ。嘴が灰青色で目が黄色。雄は頭が黒く緑色の光沢を持ち、背には白に細かい波模様がある。飛ぶときの羽音が金属質で鈴の音に似ていることが和名の由来だと思われる。

DATA
- 学　名 ▶ Aythya marila
- 英　名 ▶ Greater Scaup
- 分　類 ▶ カモ目カモ科スズガモ属
- 生息地 ▶ 全国各地に渡来
- 体　長 ▶ 45cm

第4章　冬の鳥たち

小型哺乳類なども捕食するタカ類の仲間

カタグロトビ

成鳥。9月撮影

見分けのPOINT
- 翼の肩の部分と目の周りが黒色
- 上面はやや銀色がかった灰色
- 頭部から体の下面にかけて白灰色

日本には迷鳥として渡来

　アフリカからヨーロッパ南部、東南アジアなどに分布するタカ類で、日本では迷鳥として先島諸島で観察される。草原や開けた林などに生息、昆虫類や両生類、爬虫類だけでなく、小型哺乳類なども捕食する。その名の通り、翼の肩部分が真っ黒。別名ハイイロトビ。

DATA
- 学　名 ▶ Elanus caeruleus
- 英　名 ▶ Black-winged Kite
- 分　類 ▶ タカ目タカ科カタグロトビ属
- 生息地 ▶ 石垣島、与那国島、西表島、沖縄本島
- 体　長 ▶ 31〜35cm

冬の水田で大群を作る冬の旅鳥

アトリ

雌成鳥夏羽。4月撮影

見分けのPOINT
- 橙色の胸と白い腰、股状の尾
- 「キョッキョッキョッ」と地鳴きする
- 繁殖期に「チッ、チィ、ピィー」と鳴く

数千または数万の大群で行動

　日本に冬鳥として渡来する。ユーラシア大陸の亜寒帯針葉樹林で広く繁殖する。秋から冬にかけて山地の森林で生活し、数千、数万羽の群れが見られる。水田などで大群を作って採餌。雑木林ではナナカマド、ズミなどの木の実を食べる。

DATA
- 学　名 ▶ Fringilla montifringilla
- 英　名 ▶ Brambling
- 分　類 ▶ スズメ目アトリ科アトリ属
- 生息地 ▶ 全国各地
- 体　長 ▶ 16cm

しゃもじのような嘴の水鳥

ヘラサギ

第2回冬羽。4月撮影

見分けのPOINT
- しゃもじのような形の嘴
- 夏羽では喉や胸が黄色味を帯びる
- 後頭部に黄色の冠羽がある

嘴を羽に入れて休む

　日本では稀な冬鳥として北海道から南西諸島まで各地で観察される。全身の羽毛が白く、嘴は黒くて、先端がしゃもじ型。この嘴を干潟や水田などの水につけて左右に振り、魚、カエル、カニなどを食餌する。飛ぶときには首を伸ばして飛ぶ。ほとんど鳴かない。

DATA
- 学　名 ▶ Platalea leucorodia
- 英　名 ▶ Eurasian Spoonbill
- 分　類 ▶ ペリカン目トキ科ヘラサギ属
- 生息地 ▶ 全国各地
- 体　長 ▶ 83cm

日本では稀に観察されるカモの仲間

アカハシハジロ

雄成鳥夏羽。5月撮影

見分けのPOINT
- 雄はオレンジ色の頭部、赤い嘴、黒い胸部
- 雌は主に薄茶

雄は鮮やかなオレンジ色の頭部

　カモの仲間で、日本では冬鳥として稀に本州や九州などで観察される。水草が主食で、繁殖期は低地の湖沼において小さな群れを形成する。雄は頭部が鮮やかなオレンジ色で、喉、首、胸、腹の中央が黒色。雌は体が灰褐色で、胸から体下面は淡褐色。

DATA
- 学　名 ▶ Netta rufina
- 英　名 ▶ Red-crested Pochard
- 分　類 ▶ カモ目カモ科アカハシハジロ属
- 生息地 ▶ 本州、九州、先島諸島など
- 体　長 ▶ 50cm

Winter

羽の内側の白色が名の由来
ハジロカイツブリ 冬

見分けのPOINT
- 嘴が上に反っている
- カイツブリより大きい

成鳥夏羽。4月撮影

夏羽は目の後ろに金の飾り羽

　日本では北海道から九州まで、各地の海や湖沼に渡来する冬鳥。ハトほどの大きさで、嘴が上に反っている。飛び立つと見える羽の内側の白い部分が名前の由来。潜水して小型の魚や甲殻類を捕食する。

DATA
- 学　名 ▶ Podicepus nigricollis
- 英　名 ▶ Black-necked Grebe
- 分　類 ▶ カイツブリ目カイツブリ科カンムリカイツブリ属
- 生息地 ▶ 全国各地
- 体　長 ▶ 31cm

何かあるごとに水に潜りたがる
ミミカイツブリ 冬

見分けのPOINT
- 夏羽で後頭部に飾り羽が現れる
- 夏羽で頭部と背中が黒色で首が褐色
- 冬羽は喉から腹にかけて白色

成鳥夏羽。5月撮影

夏羽で現れる後頭部の飾り羽が特徴

　日本では冬鳥として各地の海岸、河口、湖沼に少数が渡来する。頻繁に水に潜り、魚や昆虫、甲殻類を食べる。驚いたり、逃げたりするときにも潜る。夏羽で後頭部に現れる帯状の金栗色の飾り羽が和名の由来。また、夏羽では頭部と背中が黒色で首が褐色。

DATA
- 学　名 ▶ Podiceps auritus
- 英　名 ▶ Horned Grede
- 分　類 ▶ カイツブリ目カイツブリ科カンムリカイツブリ属
- 生息地 ▶ 九州以北
- 体　長 ▶ 33cm

亜種カモメが越冬のため日本に渡来
カモメ 冬

見分けのPOINT
- 頭部や体下面、尾羽は白色
- 背中や翼上面は青灰色
- 模様のない黄色い嘴と足

成鳥夏羽。5月撮影

沿岸部などに小群で生息

　日本には冬鳥として渡来する中型のカモメ類。沿岸部や河口、干潟などに小群で生息し、食性は雑食で、魚のあらや海岸に落ちている魚、ゴカイ、エビなどを食べる。模様のない黄色い嘴と足、真っ白な体が特徴で、日本でもなじみが深い。

DATA
- 学　名 ▶ Larus canus
- 英　名 ▶ Mew Gull
- 分　類 ▶ チドリ目カモメ科カモメ属
- 生息地 ▶ 九州以北に渡来
- 体　長 ▶ 45cm

千葉県銚子港などで観察される
カナダカモメ 冬 迷

見分けのPOINT
- 小柄な体形で足がやや短くピンク色
- 頭部は丸みがある
- 嘴は小さめで黄色

成鳥冬羽。3月撮影

近年は皇居にも渡来する

　日本では迷鳥、または稀な冬鳥として、毎年、少数が渡来する。非繁殖期は、あまり外洋には出ず、海岸や港湾に生息する。セグロカモメと似ているが、より小型で頭部に丸みがあり、ピンク色の足はやや短い。黄色い嘴はやや小さめ。

DATA
- 学　名 ▶ Larus thayeri
- 英　名 ▶ Thayer's Gull
- 分　類 ▶ チドリ目カモメ科カモメ属
- 生息地 ▶ 関東以北に渡来
- 体　長 ▶ 58cm

# 第4章　冬の鳥たち

左右に食い違った嘴を持つ
イスカ

雄成鳥。11月撮影

見分けのPOINT
- 雄は体が赤色
- 雌は体が黄緑色
- 繁殖期に「チュッチュッ、ピィーピィー」と鳴く

雄成鳥。4月撮影

松などの針葉樹のある林に渡来して群れで行動

　日本には、主に冬鳥として渡来するアトリの仲間。不規則ではあるが北海道などでは繁殖例も。針葉樹のある林で、数羽から十数羽の群れを作り行動する。先端が左右に食い違った嘴を器用に使って松ぼっくりをこじ開け、中の種子を食べる。地鳴きは「ギョッギョッ」。

DATA
- 学名▶Loxia curvirostra
- 英名▶Red Crossbill
- 分類▶スズメ目アトリ科イスカ属
- 生息地▶全国各地
- 体長▶16〜17cm

日本に分布するウ科の最小種
ヒメウ

見分けのPOINT
- 全身が青や紫の光沢がある黒色
- 頭頂と後頭の羽毛が冠羽として伸長
- 「グワー、グワー」と鳴く

成鳥夏羽。5月撮影

赤い顔をしたウの仲間

　日本では夏季に南千島、北海道、本州北部で繁殖する。夏羽では赤い顔のウ類。体形は細く、全身が青の光沢がある黒い羽毛で覆われている。外洋に面した磯浜に生息し、海に潜って魚を食餌する。冬季は暖地の海岸に移動するものもいる。

DATA
- 学名▶Phalacrocorax pelagicus
- 英名▶Pelagic Cormorant
- 分類▶カツオドリ目ウ科ウ属
- 生息地▶沖縄県を除く全国各地の海岸
- 体長▶73cm

アンテナのような冠羽
タゲリ

見分けのPOINT
- 長く伸びた冠羽

雄成鳥夏羽。4月撮影

丸みのある翼で渡りを行う

　本州以南の刈田や畑、草地や干潟に渡来する冬鳥で、本州中・北部での繁殖記録もある。雄は冬羽時に垂直に逆立った長い冠羽を持つ。体上面は光沢がある緑や赤紫色が混じる。猫のように「ミュー」「ミャーッ」と鳴く。

DATA
- 学名▶Vanellus vanellus
- 英名▶Northern Lapwing
- 分類▶チドリ目チドリ科タゲリ属
- 生息地▶全国各地
- 体長▶32cm

第5章 身近な鳥たち

第5章　身近な鳥たち

水田に響く「グァ」というしがれた声

アオサギ

見分けのPOINT
- 類似種ムラサキサギより一回り大きい
- 上面が灰色で、顔から胸は白く黒い線がある

雄成鳥。4月撮影

上面が灰色の大型サギ

　全国の海岸、干潟、水田、湖沼、池、河川に生息する留鳥または漂鳥。名前の由来は背面の羽の灰色を帯びた青色から。体は大きく細く、足も頸も長くスマートなので一見ツルと見違えるほど。飛び立つ時や飛翔時に「グァ」と大きな声で鳴く。

DATA
- 学　名 ▶ Ardea cinerea
- 英　名 ▶ Grey Heron
- 分　類 ▶ ペリカン目サギ科アオサギ属
- 生息地 ▶ 全国各地
- 体　長 ▶ 93cm

乾いた場所を好むサギ

チュウサギ

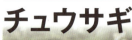

見分けのPOINT
- ダイサギに比べて短い嘴
- 夏羽の飾り羽はまっすぐ長い

成鳥夏羽。4月撮影

琉球列島や九州一部では冬でも見られる

　本州から九州に渡来する夏鳥だが、九州の暖かい地域では越冬する個体もいる。姿が似ているダイサギと比べると一回り小さいほか、ダイサギが水田などの水場を好むのに対し、休耕田などの乾いた場所で餌を採るのが特徴。

DATA
- 学　名 ▶ Egretta intermedia
- 英　名 ▶ Intermediate Egret
- 分　類 ▶ ペリカン目サギ科コサギ属
- 生息地 ▶ 本州以南、西南日本の草地、水田、湿地、湖沼
- 体　長 ▶ 69cm

小さく丸い体がかわいらしい鳥

エナガ

見分けのPOINT
- 小さく丸く動きが素早い
- 柄杓の柄のような長い尾が特徴

成鳥。10月撮影

樹木の幹から幹へせわしなく移動する

　九州以北の平地から山地の林、樹木の多い都市公園などに生息する留鳥または漂鳥。主に昆虫類や木の実などを食べる。時にシジュウカラの群れに交じって行動することもある。さえずりは複雑で「チーチー チリリ、ジュリリ」と細い声で鳴く。

DATA
- 学　名 ▶ Aegithalos caudatus
- 英　名 ▶ Long-tailed Tit
- 分　類 ▶ スズメ目エナガ科エナガ属
- 生息地 ▶ 九州以北
- 体　長 ▶ 14cm

オシドリ夫婦の言葉はこの鳥から

オシドリ

見分けのPOINT
- 雄の羽色は複雑で鮮やか
- 雌はひときわ灰褐色で目の周りが白い

雄成鳥夏羽（左）と雌成鳥（右）。12月撮影

雄の大きな橙色の羽「銀杏羽」が特徴

　山間の渓流を好み、湖沼、池、河川に生息する留鳥または冬鳥。東北地方以北ではほぼ夏鳥。夜間を中心に採食するため、日中は木陰や、水辺の樹上、水草などの中で休息していることが多いが、ほかのカモ類と交ざって明るい水辺に出ることもある。

DATA
- 学　名 ▶ Aix galericulata
- 英　名 ▶ Mandarin Duck
- 分　類 ▶ カモ目カモ科オシドリ属
- 生息地 ▶ 全国各地
- 体　長 ▶ 45cm

キジバト

羽の模様がキジの雌に似たハト

雌成鳥。6月撮影

雄成鳥。1月撮影

見分けのPOINT
- ドバトとほぼ同大
- 羽縁が茶褐色と灰色

聴きなれた「デデッ、ポオーポオー」という鳴き声

本州以南の市街地から亜高山帯までの農耕地、市街地、河川敷の林、平地から山地の林に広く生息する留鳥または漂鳥。北海道では夏鳥。主に、樹木の実や芽、草の種子を食べる。一年を通してつがいで生活するものが多いが、特に冬季は繁殖していない個体は群れになる。

DATA
- 学 名 ▶ Streptopelia orientalis
- 英 名 ▶ Oriental Turtle Dove
- 分 類 ▶ ハト目ハト科キジバト属
- 生息地 ▶ 本州以南に生息。北海道では夏鳥
- 体 長 ▶ 33cm

フクロウ

「森の哲学者」「森の忍者」などと称される

羽音を立てずに暗がりを飛び回り、獲物を捕らえる

九州以北の平地から山地の林、農耕地、草原に生息する留鳥。1羽かつがいで生活する。日中は暗い林の中で休息し、夕暮れから活動し始めるのが普通だが、日中に活動することもある。主にネズミや鳥類を捕る。巣は大木の樹洞が多く、稀に木の根元の地上や屋根裏などに営巣する。

巣立のヒナ（エゾフクロウ）。6月撮影

成鳥。5月撮影

見分けのPOINT
- 顔盤はハート形をしている
- 虹彩は濃い黒褐色

DATA
- 学 名 ▶ Strix uralensis
- 英 名 ▶ Ural Owl
- 分 類 ▶ フクロウ目フクロウ科フクロウ属
- 生息地 ▶ 九州以北
- 体 長 ▶ 50cm

第5章　身近な鳥たち

ノスリ

野をするような低空飛行で獲物を探す

見分けのPOINT
- カラスと同大かやや大きい
- 尾の上面が黒に近い黒褐色

雌成鳥。1月撮影

「ピーエー」と尻下がりのゆったりした声で鳴く

全国各地の平地から山地の河川敷の林、果樹園、農耕地、森林に生息する留鳥。沖縄を除く各地では冬鳥として渡来する。ネズミ類を中心に鳥類、両生類、爬虫類なども捕食する。林の大木に巣を作り、毎年同じ巣で繁殖することが多い。

DATA
- 学　名▶Buteo buteo
- 英　名▶Common Buzzard
- 分　類▶タカ目タカ科ノスリ属
- 生息地▶全国各地
- 体　長▶雄50～53cm 雌53～60cm

ハシブトガラス

都市型のカラス

見分けのPOINT
- 嘴が太く、上嘴が大きく湾曲している
- ハシボソガラスよりやや大きい

成鳥。2月撮影

タカ類やフクロウ類を見つけると、追い回す習性がある

小笠原諸島を除く日本各地の平地から高山帯までの海岸、砂浜、農耕地、湿地、森林、都会の公園、山地の林、高山帯の草原、岩場などに生息する留鳥または漂鳥。地上を歩いたり、跳ね歩いて採食し、雑食性でほかのどの鳥より何でも食べる。

DATA
- 学　名▶Corvus macrorhynchos
- 英　名▶Large-billed Crow
- 分　類▶スズメ目カラス科カラス属
- 生息地▶小笠原諸島を除く全国各地
- 体　長▶57cm

ムクドリ

ムクの木に生息する鳥

見分けのPOINT
- キジバトより小さい
- 褐色味が強い

雄成鳥。1月撮影

夕方になるにつれ群れ集まり大群になる

日本全国の各地の平地から山地の村落、市街地、農耕地、草原などに生息す留鳥または漂鳥。一年を通して群れで生活するものが多い。採食は樹上か耕起後の農地、芝地、背丈の低い草地などで、昆虫類や木の実などを食べる。暗い林内や丈の高い草原の中にはほとんど入らない。

雌成鳥。4月撮影

DATA
- 学　名▶Spodiopsar cineraceus
- 英　名▶White-cheeked Starling
- 分　類▶スズメ目ムクドリ科ムクドリ属
- 生息地▶全国各地
- 体　長▶24cm

Familiar

親子連れで歩く姿が印象的
カルガモ

見分けのPOINT
- 先端の黄色い、黒い嘴
- オレンジ色の足

成鳥雌とヒナの親子。6月撮影

市街地から山地の水辺近くの草地に巣を作る

全国の湖沼、池、河川、水田、海岸に広く生息する留鳥。北海道では大部分が夏鳥。市街地の川や公園の池などでも近年生息数が増えてきた。夜間に活動し植物の種子など採食するのが普通だが、都市部では日中でも活動している。

DATA
- 学　名 ▶ Anas zonorhyncha
- 英　名 ▶ Eastern Spot-billed Duck
- 分　類 ▶ カモ目カモ科マガモ属
- 生息地 ▶ 全国各地
- 体　長 ▶ 61cm

水辺の通称「飛ぶ宝石」
カワセミ

見分けのPOINT
- 鮮やかなコバルトブルーの羽
- 大きな嘴

雌成鳥。1月撮影

一定の休息場と採食場を持ち、定まった時間で活動する

主に本州以南の平地から低山の河川、湖沼、都市公園、海岸に生息する留鳥または漂鳥。北海道では夏鳥。木の枝や杭などから直接水中に飛び込んだり、水面上で停空飛行から水中に突っ込んだりして魚類や水性昆虫類を捕らえる。

DATA
- 学　名 ▶ Alcedo atthis
- 英　名 ▶ Common Kingfisher
- 分　類 ▶ ブッポウソウ目カワセミ科カワセミ属
- 生息地 ▶ 全国各地
- 体　長 ▶ 17cm

矢のように飛ぶ鳥
キジ

見分けのPOINT
- 雄は赤い顔と頭部から腹の黒緑色が特徴
- 雌は全体が淡い黄褐色に黒褐色の斑が密にある

雄成鳥。5月撮影

長めの尾を持つ日本の国鳥

本州から九州までの平地から山地の草原、農耕地、河川敷などに生息する留鳥。植物の種子や芽、実などを主に採食し、昆虫類も捕る。採食中は長い尾を下げているが、警戒すると尾羽を斜め上に向け、逃げる時にも上げたまま走り去る。

DATA
- 学　名 ▶ Phasianus colchicus
- 英　名 ▶ Common Pheasant
- 分　類 ▶ キジ目キジ科キジ属
- 生息地 ▶ 本州～九州
- 体　長 ▶ 雄：81cm 雌：58cm

色鮮やかなカラスの仲間
オナガ

見分けのPOINT
- 翼や尾が青灰色
- 頭部が黒い

成鳥。6月撮影

外見に似合わない悪性の持ち主

本州中部以北に分布する留鳥で、その名のとおり尾が長い。羽や尾は青灰色、背は灰色、胴体は白色、頭部は濃紺と、鮮やかな配色。「ピュー」「チュルチュル」とさえずるが、地鳴きは「ギュー」「ゲー」と騒々しい。

DATA
- 学　名 ▶ Cyanopica cyanus
- 英　名 ▶ Azure-winged Magpie
- 分　類 ▶ スズメ目カラス科オナガ属
- 生息地 ▶ 本州中部以北
- 体　長 ▶ 37cm

第5章　身近な鳥たち

コガラ
小さいシジュウカラだからコガラ

成鳥。1月撮影

見分けのPOINT
- シジュウカラより少し小さい
- ハシブトガラよりクチバシが細い

越冬期にはシジュウカラ類の混群に交じって行動する

九州以北の低地から亜高山帯の林に生息する留鳥。北海道では平地の林にも生息。季節移動は少ないが、平地の林でも越冬する。樹木の横枝の幹近くでの行動が多い。枝や幹をつついたりして、昆虫類などを捕り、草木の種子や実も採食する。

DATA
- 学　名 ▶ Poecile montanus
- 英　名 ▶ Willow Tit
- 分　類 ▶ スズメ目シジュウカラ科コガラ属
- 生息地 ▶ 九州以北
- 体　長 ▶ 13cm

イソヒヨドリ
海辺の崖に生息する青と赤の鳥

雄成鳥。3月撮影

見分けのPOINT
- 雄は青色と赤色
- 雌は褐色で下面には波模様
- 繁殖期には「ツツ、ピーコ、ピィー」と鳴く

昆虫やフナムシを食餌する

岩場のある海岸や、海辺の崖でさえずるツグミの仲間。日本では北海道東部を除く、全国の海岸で繁殖。松の枝などに留まって見張り、昆虫やフナムシなどの小動物を捕まえて食べる。繁殖期には、つがいで縄張りを持ち、岩の隙間に枯れ草などで椀型の巣を作る。

DATA
- 学　名 ▶ Monticola solitarius
- 英　名 ▶ Blue Rock Thrush
- 分　類 ▶ スズメ目ヒタキ科イソヒヨドリ属
- 生息地 ▶ 全国各地。特に沖縄の各島に多い
- 体　長 ▶ 23〜25.5cm

シジュウカラ
黒いネクタイのような模様

雄成鳥。1月撮影

見分けのPOINT
- 喉から下尾筒までの黒い縦線
- スズメ大の大きさ

繁殖期以外は小群で生活するものが多い

小笠原諸島と大東諸島を除く広い地域に分布し、樹木の多い市街地の公園や庭園から山地の林に生息する留鳥または漂鳥。冬期は一時的に河川敷や湖沼畔の葦原などにもいる。樹上や地上で昆虫類、クモ類、草木の種子や実などを採食する。

DATA
- 学　名 ▶ Parus minor
- 英　名 ▶ Japanese Tit
- 分　類 ▶ スズメ目シジュウカラ科シジュウカラ属
- 生息地 ▶ 小笠原諸島と大東諸島以外
- 体　長 ▶ 15cm

スズメ
非常に身近な野鳥

成鳥夏羽。4月撮影

見分けのPOINT
- 耳羽のあたりに黒斑がある
- 淡茶褐色に黒褐色の縦斑の羽

繁殖期以外は群れで生活するものが多い

小笠原諸島を除く日本全国の平地から山地の市街地、集落、山村、農耕地、人家周辺に生息する留鳥。樹上や地上で昆虫類、草木の種子などを採食する。繁殖期は縄張りを持つが、繁殖を終えるとまた群れで一定のねぐらを作る。

DATA
- 学　名 ▶ Passer montanus
- 英　名 ▶ Eurasian Tree Sparrow
- 分　類 ▶ スズメ目スズメ科スズメ属
- 生息地 ▶ 小笠原諸島を除く全国各地
- 体　長 ▶ 14〜15cm

カワウ

黒くて顔の白い水鳥

見分けのPOINT
- 嘴の基部から目にかけてが黄色い
- 翼上面に暗褐色の鱗模様がある

成鳥冬羽。1月撮影

集団で隊列を作り採食場へ飛ぶ

本州から九州にかけて分布し、海岸から河川、湖沼に生息する留鳥。北海道では夏鳥、九州南部以南では冬鳥。ウ類の翼はほかの水鳥に比べて水を弾く油分が少なく水を吸収しやすいため、テトラポットなどに留まり、翼を広げて羽を乾かす。

DATA
- 学　名 ▶ Phalacrocorax carbo
- 英　名 ▶ Great Cormorant
- 分　類 ▶ カツオドリ目ウ科ウ属
- 生息地 ▶ 本州～九州
- 体　長 ▶ 82cm W129cm

ダイサギ

日本にいる白サギ類の中では最大

見分けのPOINT
- 嘴が夏は黒、冬は黄色に変わる
- 最も大きなサギ

成鳥夏羽。3月撮影

ほかのサギ類と交じってコロニーを作る

夏鳥として主に関東以南に渡来し、冬季に亜種のオオダイサギが全国各地の水辺に渡来し越冬する。奄美諸島以南では水田、湿地、河川、湖沼、池、河口に生息する。体に水がつかない深さの水辺をゆっくりと歩いて魚類を探す。地上ではあまり鳴かず飛び立つ時に鳴く。

DATA
- 学　名 ▶ Ardea alba
- 英　名 ▶ Great Egret
- 分　類 ▶ ペリカン目サギ科アオサギ属
- 生息地 ▶ 全国各地
- 体　長 ▶ 90cm

コジュケイ

放鳥された狩猟用鳥

見分けのPOINT
- 繁殖期に「チョットコイ」と大声で鳴く
- 背に暗褐色や灰色の虫食い状の斑紋
- 胸部に赤褐色の斑紋

雄成鳥。3月撮影

「チョットコイ」と鳴くキジ類

宮城県から九州の、主に太平洋岸の積雪の少ない地方に留鳥として分布するキジ類。種子や果実、昆虫などを食べる。背に暗褐色や灰色の虫食い状の斑紋が、胸部に赤褐色の斑紋がある。繁殖期のさえずりが「チョットコイ」と聞こえる。

DATA
- 学　名 ▶ Bambusicola thoracicus
- 英　名 ▶ Chinese Bamboo Partridge
- 分　類 ▶ キジ目キジ科コジュケイ属
- 生息地 ▶ 本州～九州の積雪の少ない地域
- 体　長 ▶ 27cm

コムクドリ

樹洞やキツツキ類の古巣に営巣

雄成鳥。4月撮影

見分けのPOINT
- 背中や肩羽、翼が黒色
- 頬から耳羽後方にかけて茶色の斑
- 雄は頭部から喉にかけて淡いクリーム色

複雑模様のムクドリ似の鳥

夏鳥として渡来し、本州中部以北で繁殖。ムクドリよりもひと回り小さい。北日本では、平地から山地の明るい林に生息し、樹上で昆虫類やクモ、木の実を採食する。雄は背中や肩羽、翼が黒色で、頬から耳羽後方にかけて茶色の斑がある。

DATA
- 学　名 ▶ Agropsar philippensis
- 英　名 ▶ Chestnut-cheeked Starling
- 分　類 ▶ スズメ目ムクドリ科コムクドリ属
- 生息地 ▶ 全国各地
- 体　長 ▶ 19cm

第5章　身近な鳥たち

白い穂を咥えて飛ぶ様がよく見られる
セッカ

見分けのPOINT
- さえずり飛翔をよく行う
- 暗褐色のやや長い尾を持つ

雄成鳥夏羽。4月撮影

「ヒッヒッヒッ」とさえずる

本州以南の平地の草原、河川、農耕地など開けた環境に生息する留鳥または漂鳥。北方のものは冬に暖地へ移動する。草地で昆虫類、クモ類などを捕食する。チガヤなどのイネ科の白い穂を集め、付近の草をたぐりよせて緑色にしてつぼ型の巣を作る。

DATA
- 学　名▶Cisticola juncidis
- 英　名▶Zitting Cisiticola
- 分　類▶スズメ目セッカ科セッカ属
- 生息地▶本州以南
- 体　長▶13cm

日本産では最大のツル
タンチョウ

見分けのPOINT
- 頭頂部が赤く、黒の面積が多い
- 次列風切と三列風切が黒く、尾が黒いように見える

求愛ダンスをしている成鳥。2月撮影

日本では北海道だけで繁殖

北海道東部の釧路湿原などで繁殖し、湿原、湖沼畔、河川、牧草地などに生息する留鳥。ほかの地域ではごく稀。魚類や穀類などなんでも食べ、広い縄張りを持って繁殖する。ちなみに、タンチョウとは「頭が赤い」という意味である。

DATA
- 学　名▶Grus japonensis
- 英　名▶Red-crowned Crane
- 分　類▶ツル目ツル科ツル属
- 生息地▶北海道東部
- 体　長▶145cm

複雑で長いさえずりが名前の由来
ツバメ

見分けのPOINT
- 紺色光沢のある黒色の体上面
- 白色または淡褐色の体下面

成鳥。4月撮影

繁殖期はつがいで、非繁殖期は群れで生活する

北海道から種子島までの平地から山地の農耕地、牧草地、河川、湖沼などの開けた環境に生息する夏鳥。市街地から山間部までの人家の軒下などに泥とわらなどで椀型の巣を作る。比較的低空を飛び回って、飛んでいる昆虫類を捕る。

DATA
- 学　名▶Hirundo rustica
- 英　名▶Barn Swallow
- 分　類▶スズメ目ツバメ科ツバメ属
- 生息地▶北海道〜種子島
- 体　長▶17cm

上空で輪を描き地上の食べ物を狙う
トビ

見分けのPOINT
- 翼の先あたりが白い
- 尾の形が三味線のバチ状

若鳥。12月撮影

繁殖期にはペアで縄張りを持つ

全国各地の海岸、河口、干潟、養魚場、湖沼、農耕地、都市部、平地から山地の森林などさまざまな環境に生息する留鳥。3000m級の高山帯でもよく見かける。動物の屍肉などを主な餌とするが魚類や、昆虫類、両生類、鳥類を捕食することもある。

DATA
- 学　名▶Milvus migrans
- 英　名▶Black Kite
- 分　類▶タカ目タカ科トビ属
- 生息地▶沖縄を除く全国各地
- 体　長▶雄58.5〜59cm 雌68.5cm

郊外型のカラス
ハシボソガラス

成鳥。4月撮影

見分けのPOINT
- ハシブトガラスより小さい
- 嘴は細く少し下に湾曲している

繁殖期以外は基本的に群れで生活する

九州以北の平野部から山地の林、農耕地、市街地の公園や庭、河川敷、海岸などに生息する留鳥。地上を歩きながら採食し、急ぐ時には跳ね歩いたりもする。雑食性だが、ハシブトガラスほどではなく、草木の実や種子、昆虫類などを主に食べる。

DATA
- 学 名▶Corvus corone
- 英 名▶Carrion Crow
- 分 類▶スズメ目カラス科カラス属
- 生息地▶九州以北
- 体 長▶50cm

「ヒーヨ、ヒーヨ」と鳴くからヒヨドリ
ヒヨドリ

成鳥。1月撮影

見分けのPOINT
- 長めの尾
- 赤褐色の耳羽

長距離を飛ぶ場合には、はっきりした波状飛行をする

一年中観察されることが多いが、大群で渡りをしていることから西日本や九州では冬鳥として渡ってきている個体が多いと考えられる。繁殖期以外は群れで生活し、特に秋の渡りの時期には大群になる。雑食性で木の実や花、昆虫類などを食べる。

DATA
- 学 名▶Hypsipetes amaurotis
- 英 名▶Brown-eared Bulbul
- 分 類▶スズメ目ヒヨドリ科ヒヨドリ属
- 生息地▶全国各地
- 体 長▶27〜28.5cm

瑠璃三鳥に数えられる瑠璃色
ルリビタキ

雄成鳥。2月撮影

見分けのPOINT
- 雄は頭部から背中にかけて鮮やかな青色
- 雌はオリーブ褐色の上面に青色の尾

非繁殖期は群れを作らず、単独で生活する

主に北海道、本州、四国の平地から亜高山帯の針葉樹林や落葉広葉樹林で生息する留鳥または漂鳥。繁殖期は針葉樹林で生活し、繁殖期以外は雄雌に関係なく、1羽で縄張りを持ち、その中を動き回って樹上や地上で昆虫類や木の実などを採食する。

DATA
- 学 名▶Tarsiger cyanurus
- 英 名▶Red-flanked Bluetail
- 分 類▶スズメ目ヒタキ科ルリビタキ属
- 生息地▶全国各地
- 体 長▶14cm

黒白赤の3色が印象的なキツツキ
アカゲラ

雌成鳥。1月撮影

見分けのPOINT
- 背中が黒く、白い逆ハの字形の模様を持つ
- 雄は後頭部が赤く、雌は黒色
- 「ケッ、ケッ」と鳴く

嘴で木の幹を叩く

本州以北の平地から山地に生息。樹皮の下の虫や幼虫を食餌し、秋から冬はヤマブドウなどの実も食べる。繁殖期には嘴で幹を叩くドラミングを行い、1秒間に20回ほどの音を出して縄張りを示す。立ち枯れた幹を掘って営巣する。

DATA
- 学 名▶Dendrocopos major
- 英 名▶Great Spotted Woodpecker
- 分 類▶キツツキ目キツツキ科アカゲラ属
- 生息地▶主に北海道から本州。四国でも少数が生息
- 体 長▶24cm

第5章　身近な鳥たち

顔に白黒の模様がある
ホオジロ

雄成鳥。8月撮影

見分けのPOINT
- スズメより大きい
- 眉斑、頬線、腮から喉が白色

　北海道から九州、屋久島までの平地から山地の林、林縁、農耕地、草地、河川敷、湖沼にある葦原などに生息する留鳥または漂鳥。開けた場所を好み、もともといなかった山林でも、伐採により生息する場合が。

DATA
- 学　名▶Emberiza cioides
- 英　名▶Meadow Bunting
- 分　類▶スズメ目ホオジロ科ホオジロ属
- 生息地▶北海道～九州、屋久島までの平地、山地の林、農耕地、草地、河川敷、葦原
- 体　長▶16.5cm

尾を上下に振って歩く
キセキレイ

雌成鳥。6月撮影

見分けのPOINT
- 尾を上下に動かしている
- 胸部から腹部が黄色い

　九州以北の全国に生息する留鳥。胸部から腹部にかけて黄色いセキレイということで、この名がついた。長い尾を上下に動かす習性を持つ。地鳴きは「チチン」、さえずりは「チチチチ」と鋭く鳴く。

DATA
- 学　名▶Motacilla cinerea
- 英　名▶Grey Wagtail
- 分　類▶スズメ目セキレイ科セキレイ属
- 生息地▶北海道～九州
- 体　長▶20cm

カモ類を代表するカモ
マガモ

雌成鳥（左）と雄成鳥夏羽（右）。1月撮影

見分けのPOINT
- 緑色光沢のある黒色の頭部

　日本全国に渡来し、湖沼、池、河川、河口、内湾に生息する冬鳥。日中は休息していることが多く、夕方になると活動を始め、水田や水辺の浅瀬などに渡来し、イネ科植物の種子などを食べる。

DATA
- 学　名▶Anas platyrhynchos
- 英　名▶Mallad
- 分　類▶カモ目カモ科マガモ属
- 生息地▶全国各地
- 体　長▶59cm

「はやにえ」という独特な習性を持つ
モズ

雄成鳥。6月撮影

見分けのPOINT
- 雄は背から腰、尾が灰色

　日本各地の平地から山地の林、農耕地、河畔林、市街地の公園や人家の庭などに広く生息する留鳥または漂鳥。非繁殖期は1羽で強い縄張りを持って生活する。ほかの鳥の鳴きまねをすることがある。

DATA
- 学　名▶Lanius bucephalus
- 英　名▶Bull-headed Shrike
- 分　類▶スズメ目モズ科モズ属
- 生息地▶全国各地
- 体　長▶20cm

顔が白いセキレイ
ハクセキレイ

雄成鳥夏羽。6月撮影

見分けのPOINT
- 黒い過眼線
- 夏羽は背中が常に黒い

　全国各地の海岸、河川、農耕地、公園などで見かける留鳥（一部は漂鳥）。白い顔と目を横切る黒い線、背中の黒色が、類似種のセグロセキレイとの違い。繁殖期に「チュンチュンチュン」と澄んだ声でさえずる。

DATA
- 学　名▶Motacilla alba
- 英　名▶White Wagtail
- 分　類▶スズメ目セキレイ科セキレイ属
- 生息地▶全国各地
- 体　長▶21cm

頭の赤色が目立つ田の番人
バン

成鳥。11月撮影

見分けのPOINT
- 体は黒色、頭頂部は鮮やかな赤色
- 大きさはハトと同じくらい

　日本各地の水田などに生息する留鳥。「クルルッ」と大きな声で鳴きながら泳ぐ様子が「田の番人」に見えたことが名前の由来。性格は臆病だが人懐っこく、餌を与えられると公園の池などに棲み着くこともある。

DATA
- 学　名▶Gallinula chloropus
- 英　名▶Common Moorthen
- 分　類▶ツル目クイナ科バン属
- 生息地▶全国各地
- 体　長▶32cm

猫のように鳴く海鳥
ウミネコ

成鳥冬羽。10月撮影

成鳥夏羽。6月撮影

見分けのPOINT
- 嘴と足が黄色
- 嘴の先が赤と黒の斑紋
- 鳴き声が猫に似ている

ほぼ通年でウォッチできる唯一のカモメ類

日本各地の沿岸、河口、干潟など目撃することができる留鳥で、北九州以北に多い（漂鳥の場合もある）。夏羽時は頭から体下面が白く、上面が黒灰色をしているが、冬羽時は頭部に灰褐色の斑が入る。鳴き声は名前の由来のとおり「ミャー」と猫に似ている。

DATA
- 学　名▶Larus crassirostris
- 英　名▶Black-tailed Gull
- 分　類▶チドリ目カモメ科カモメ属
- 生息地▶北海道では夏鳥。四国以南は冬鳥
- 体　長▶46cm

日本のカイツブリの中で最小種
カイツブリ

成鳥夏羽とヒナ。6月撮影

見分けのPOINT
- 足を櫂のように使って潜り泳ぐ
- 嘴は短めで淡黄色の斑がある
- 「キリッキリッ」と鳴く

足は、潜り泳ぐ形に適応

日本のカイツブリ科の中では最小で、本州中部以南では留鳥として生息する。足を櫂のように使って潜り泳ぐのに適応している。夏羽は頭部から後頸が黒褐色で、頬から側頸が赤褐色。嘴は短く、先端と嘴基部に淡黄色の斑がある。

DATA
- 学　名▶Tachybaptus ruficollis
- 英　名▶Little Grebe
- 分　類▶カイツブリ目カイツブリ科カイツブリ属
- 生息地▶本州中部以南。東北地方以北では夏鳥
- 体　長▶26cm W43cm

「ピイピイピイ、リィリィ」とさえずる
ヒバリ

成鳥。6月撮影

見分けのPOINT
- 上面は褐色で羽軸に黒褐色の軸斑
- 下面は白色で側頸から胸部にかけて黒褐色の縦縞
- 「ピイピイピイ、リィリィ」と細かな声でさえずる

古来より親しまれる春を告げる鳥

北日本では夏鳥で、ほかでは全国に周年生息する留鳥で、古来より春を告げる鳥として日本人に親しまれている。露出した地面の多い場所を好み、畑、草原、川原などで観察される。後頭部に冠羽を持ち、「ピイピイピイ、リィリィ」と朗らかな声でさえずる。

DATA
- 学　名▶Alauda arvensis
- 英　名▶Eurasian Skylark
- 分　類▶スズメ目ヒバリ科ヒバリ属
- 生息地▶北海道〜九州
- 体　長▶17cm

第5章　身近な鳥たち

荻の実をついばむ小鳥
カワラヒワ

雄成鳥。7月撮影

見分けのPOINT
- スズメより少し大きい
- 風切羽の根元が黄色
- 嘴と足が淡褐色

本州から九州にかけては留鳥、北海道では夏鳥として、開けた山林や市街地などで見かけることができる。頭部は雄が黄緑褐色、雌が灰褐色と色が違う。神経質で小さな物音で飛び立つ。

DATA
- 学 名 ▶ Chloris sinica
- 英 名 ▶ Oriental Greenfinch
- 分 類 ▶ スズメ目アトリ科カワラヒワ属
- 生息地 ▶ 全国各地
- 体 長 ▶ 14.5〜16cm

天皇から位を与えられた高貴な鳥
ゴイサギ

成鳥夏羽。6月撮影

見分けのPOINT
- 頭部から背が緑黒色
- 翼上面は灰色
- 水辺に生息している

本州以南に生息する、夜行性の留鳥。夜に飛翔しながらカラスのような鳴き声を発するため、「夜烏(よがらす)」とも呼ばれる。その昔、醍醐(だいご)天皇の命令で捕らえられた五位の位を与えられた故事が名前の由来。

DATA
- 学 名 ▶ Nycticorax nycticorax
- 英 名 ▶ Black-crowned Night Heron
- 分 類 ▶ ペリカン目サギ科ゴイサギ属
- 生息地 ▶ 本州以南。東北地方以北では夏鳥。琉球諸島では冬鳥
- 体 長 ▶ 57.5cm

謡曲にちなむ名を持つ小鳥
ジョウビタキ

雄成鳥冬羽。1月撮影

見分けのPOINT
- 雄は頭部が灰色
- 翼に白斑がある
- スズメより小さい

全国各地の林、農耕地、公園など人家の近くにも生息している冬鳥。雄の灰色の頭部が、謡曲「高砂」に登場する白髪の老人「尉(じょう)」のように見えることが名前の由来。翼の白斑から「紋付鳥」とも呼ばれる。

DATA
- 学 名 ▶ Phoenicurus auroreus
- 英 名 ▶ Daurian Redstart
- 分 類 ▶ スズメ目ヒタキ科ジョウビタキ属
- 生息地 ▶ 全国各地
- 体 長 ▶ 14cm

風になびく長い冠羽
コサギ

成鳥冬羽。9月に撮影

見分けのPOINT
- 後頭部に長い冠羽
- 足が黄色
- 目先が淡黄色

本州以南に留鳥として水田、河川、湿地、干潟など水辺に生息しているが、東南アジアで越冬するものもいる。夏羽時の長い冠羽は冬羽時にはなくなる。また、目先と足は婚姻色で赤く変色。

DATA
- 学 名 ▶ Egretta garzetta
- 英 名 ▶ Little Egret
- 分 類 ▶ ペリカン目サギ科コサギ属
- 生息地 ▶ 本州以南
- 体 長 ▶ 61cm

人々に親しまれた春を告げる鳥
メジロ

成鳥。1月撮影

見分けのPOINT
- 緑がかった背と暗褐色の羽
- 目の周りの白い輪

白いアイリングが特徴の黄緑色の小鳥。雑食だが、花の蜜や果汁を好み、育雛期には虫なども捕食する。里山や市街地でも観察できることがあり、春には好物の花の蜜を求め、庭木や街路樹などに渡来する。

DATA
- 学 名 ▶ Zosterops japonicus
- 英 名 ▶ Japanses White-eye
- 分 類 ▶ スズメ目メジロ科メジロ属
- 生息地 ▶ 北海道〜南西諸島、硫黄列島
- 体 長 ▶ 12cm

和名は山に生息する事に由来する
ヤマガラ

成鳥。1月撮影

見分けのPOINT
- 頭部は黒色で額から頬、後頸部にかけて明色斑

全国的に留鳥として広く分布する、背と腹が赤茶色のカラ類。標高1500m以下にある常緑広葉樹林や落葉広葉樹林に生息する。樹上で採食し、夏季は昆虫などを、冬季は木の実なども食べる。

DATA
- 学 名 ▶ Poecile varius
- 英 名 ▶ Varied Tit
- 分 類 ▶ スズメ目シジュウカラ科コガラ属
- 生息地 ▶ 全国各地
- 体 長 ▶ 14cm

第6章 島にいる鳥たち

第6章　島にいる鳥たち

世界で沖縄にしかいない希少種
ヤンバルクイナ

見分けのPOINT
- 嘴は明るい赤色
- 大きくがっしりとした足
- 腹部は白黒の縞模様

成鳥。10月撮影

成鳥。11月撮影

地上生活に特化した特殊な体の構造

　沖縄本島北部の山原(やんばる)地域にのみ生息する留鳥。稀少性から国の天然記念物に指定されている。体重に比べて翼の面積が小さく、翼を動かす筋力が弱いためほとんど飛べない代わりに、足がよく発達しており、これで地上を歩き回って虫などの小動物を食べる。日中は茂みの中で活動し、夜は木の上に登って眠る。

COLUMN
絶滅が心配されるヤンバルクイナ

1981年に発見されて以降、生息数が減少していたヤンバルクイナ。マングースの流入や交通事故が原因とされており、2005年には720羽まで数を減らしてしまった。その後は保護活動が進み、現在は1500羽ほどまで回復した。

DATA
- 学名 ▶ Gallirallus okinawae
- 英名 ▶ Okinawa Rail
- 分類 ▶ ツル目クイナ科ヤンバルクイナ属
- 生息地 ▶ 沖縄本島北部
- 体長 ▶ 35cm

水辺に潜む擬態名人
リュウキュウヨシゴイ

雄成鳥。1月撮影

見分けのPOINT
- 嘴と足は黄色
- 喉から腹にかけて白色に黒い縞模様

雄成鳥。胸の縦斑が中央に1本あるのが雄で、複数本あるのが雌。9月撮影

首を伸ばして草むらに擬態する

種子島以南の南西諸島に生息する留鳥。水田や湿地などの水辺に棲み、魚や虫などを捕って食べる。ヨシゴイと比べると体長が大きく、体色がオレンジ色がかっているのが特徴。敵が近づくと首を伸ばし、腹の黒い縞模様を見せ、周囲の草むらに擬態する習性がある。

DATA
- 学名 ▶ Ixobrychus sinnamomeus
- 英名 ▶ Cinnamon Bittern
- 分類 ▶ ペリカン目サギ科ヨシゴイ属
- 生息地 ▶ 種子島、奄美諸島、沖縄諸島、大東諸島
- 体長 ▶ 40cm

赤色が鮮やかな特別天然記念物
ノグチゲラ

雄成鳥。5月撮影

見分けのPOINT
- 全身が赤みがかった黒色
- 雄は頭頂部が赤い

土を掘ることもある珍しいキツツキ

沖縄本島北部の山原地域にのみ生息する留鳥。木に穴を開けて虫を探すほか、土を掘ってセミの幼虫なども食べる。マングースやネコの流入により数が減少しており、現在は国の特別天然記念物に指定され、保護が進んでいる。

DATA
- 学名 ▶ Sapheopipo noguchii
- 英名 ▶ Okinawa Woodpecker
- 分類 ▶ キツツキ目キツツキ科ノグチゲラ属
- 生息地 ▶ 沖縄本島北部
- 体長 ▶ 31cm

黄色い目が目立つ小型のフクロウ
リュウキュウコノハズク

成鳥。7月撮影

見分けのPOINT
- 目は明るい黄色
- 背面は褐色、腹部はやや白い

繁殖期には会話するように鳴く

奄美大島以南に生息する留鳥。山地の森林に棲み、樹洞に卵を産んで繁殖する。繁殖期になると、雄は「コホー、コホー」、雌は「ミャッ、ミャー」と鳴くのが特徴。この鳴き声から、沖縄では「チコホー」とも呼ばれている。

DATA
- 学名 ▶ Otus elegans
- 英名 ▶ Ryukyu Scops Owl
- 分類 ▶ フクロウ目フクロウ科コノハズク属
- 生息地 ▶ トカラ列島以南の南西諸島、南大東島
- 体長 ▶ 22cm

第6章　島にいる鳥たち

琉球に棲むツバメの仲間
リュウキュウツバメ

成鳥。4月

見分けのPOINT
- 尾羽はツバメより短い
- 腹から胸は灰色

1年を通して日本で生活する

奄美大島以南に生息する留鳥。ほかのツバメ類と異なり、一年中日本で生活する。建物の軒下や橋げたなどに巣を作り、群れで飛び回る。姿や大きさはツバメと似ているが、尾羽はツバメより短く、背面の紺色がやや濃い。

DATA
- 学名▶Hirundo tahitica
- 英名▶Pacific Swallow
- 分類▶スズメ目ツバメ科ツバメ属
- 生息地▶奄美大島以南
- 体長▶14cm

沖縄に集まる銀色の冬鳥
ギンムクドリ

雌成鳥。3月撮影

見分けのPOINT
- ムクドリの群れでは銀色が目立つ
- 「ギュルルル」と甲高い声で鳴く

ムクドリの群れにまぎれて行動する

旅鳥または冬鳥として渡来し、沖縄本島や八重山諸島では数百羽が越冬する。大きさはムクドリとほぼ同じで、ムクドリの群れに紛れ込んでいる姿もよく見られる。雌雄は主に頭の色が違い、雄は淡黄褐色、雌は灰褐色。

DATA
- 学名▶Spodiopsar sericeus
- 英名▶Red-billed Starling
- 分類▶スズメ目ムクドリ科ムクドリ属
- 生息地▶日本海側の島嶼、九州、南西諸島
- 体長▶24cm

何通りものさえずりのパターンを持つ
シロガシラ

成鳥。4月撮影　　成鳥。3月撮影

見分けのPOINT
- 頭部は黒と白の模様で後頭部に斑紋
- 上面が暗い緑灰色で下面は汚れた白色
- 「キョッキョーロ、キョロー」などいろいろな声

人を警戒しないヒヨドリ類

日本では、沖縄本島以南の南西諸島に留鳥として分布するヒヨドリの近縁種。平地や村落付近の林に生息し、繁殖期以外は数羽から数十羽の小群で暮らす。繁殖期にはつがいで縄張りを持つ。枯れ草、茎などをクモの糸でかがって椀型の巣を作る。

DATA
- 学名▶Pycnonotus sinensis
- 英名▶Light-vented Bulbul
- 分類▶スズメ目ヒヨドリ科シロガシラ属
- 生息地▶八重山諸島、沖縄本島
- 体長▶18〜19cm

赤い羽が美しい奄美諸島特産種
アカヒゲ

見分けのPOINT
- 背面の鮮やかな赤色
- 胸は雄が黒、雌が灰色

雄成鳥。4月撮影

林の中で目立つ赤と黒の体色

留鳥だが、北に分布する個体は冬に南へ渡る。頭頂から背面、尾羽にかけて鮮やかな赤色をしているほか、雄は名前のとおり、嘴から胸にかけて髭のような黒色をしている。雄は繁殖期になると、「ヒーチヨチヨ、ピヨピヨ、チョチョチョ」と、よく通る声で鳴く。

DATA
- 学名 ▶ Luscinia komadori
- 英名 ▶ Ryukyu Robin
- 分類 ▶ スズメ目ヒタキ科ノゴマ属
- 生息地 ▶ 男女群島、種子島、屋久島、南西諸島
- 体長 ▶ 14cm

日本人の名がついた日本固有種
イイジマムシクイ

見分けのPOINT
- 鳴き声は「チュルチュル」
- 暗緑褐色の過眼線

成鳥。6月撮影

雑木林などに生息して地表を歩いて餌を探す

伊豆諸島やトカラ列島に生息している日本固有種の鳥で、冬になると南下して越冬するとされる。ウグイス色の体色をしており、昆虫も果実も食べる雑食。名前は日本鳥学会の初代会長、飯島 魁氏にちなんでおり、国の天然記念物に指定されている。

DATA
- 学名 ▶ Phylloscopus ijimae
- 英名 ▶ Ijima's Leaf Warbler
- 分類 ▶ スズメ目ムシクイ科ムシクイ属
- 生息地 ▶ 伊豆諸島、トカラ列島、本州、屋久島、琉球諸島
- 体長 ▶ 12cm

石垣島や西表島に棲むサギの仲間
ズグロミゾゴイ

見分けのPOINT
- 頭頂部に黒く短い冠羽
- 上面は赤褐色で細かく黒い波状の横斑
- 「プォー、プォー」と鳴く

雄成鳥。3月撮影

黒くて短い冠羽が特徴

日本では沖縄南部の石垣島や西表島に留鳥として繁殖および生息する、ミゾゴイ似の鳥。常緑広葉樹林や河川沿いの林に、単独もしくはつがいで生活する。日中は木の繁みで休息し、夕方から夜間にかけて活動する。頭頂部に黒く短い冠羽がある。

DATA
- 学名 ▶ Gorsachius melanolophus
- 英名 ▶ Malayan Night Heron
- 分類 ▶ ペリカン目サギ科ミゾゴイ属
- 生息地 ▶ 宮古島、八重山諸島
- 体長 ▶ 47cm

絶滅が危惧される天然記念物
アカコッコ

見分けのPOINT
- 雄は頭部や喉が黒い羽毛で被われている
- 眼の周囲は黄色
- 繁殖期に「チュリリー」とさえずる

雄成鳥。6月撮影

伊豆諸島などに棲む固有種

伊豆諸島、トカラ列島に生息する日本固有種のツグミの仲間。常緑広葉樹林や低木林、ササなどの藪地、農耕地などに棲む。開発による生息地の破壊、人為的に移入された肉食獣などにより生息数は激減。現在は絶滅危惧種に指定されている。

DATA
- 学名 ▶ Turdus celaenops
- 英名 ▶ Izu Thrush
- 分類 ▶ スズメ目ヒタキ科ツグミ属
- 生息地 ▶ 伊豆諸島、トカラ列島、本州、四国、九州
- 体長 ▶ 23～24cm

第6章 島にいる鳥たち

明るい黄色が目を引く旅鳥
キガシラセキレイ

雄成鳥夏羽。4月撮影

見分けのPOINT
- 夏羽は明るい黄色が目立つ
- 夏羽の雄雌は頭の色で判別

特徴的な黄色い頭は夏羽の雄

全国各地に渡来し、特に南西諸島で多く見られるセキレイ類。雄の夏羽は、名前どおり頭から腹部が鮮やかな黄色で、背面は灰色。雌も同じく黄色だが、頭部がやや灰色がかっている。冬羽は雌雄ともに全身灰色になる。

DATA
- 学 名 ▶ Motacilla citreola
- 英 名 ▶ Citrine Wagtail
- 分 類 ▶ スズメ目セキレイ科セキレイ属
- 生息地 ▶ 日本海側の島嶼、南西諸島
- 体 長 ▶ 16.5cm

沖縄地方に夏を告げる夏鳥
エリグロアジサシ

成鳥。7月撮影

見分けのPOINT
- 目から首回りにかけての黒い模様
- 黒い嘴

真っ白な体に黒いラインが青い海に映える海鳥

夏になると主に西南諸島に渡来する夏鳥。全身は白いが、嘴、眼から襟首、足が黒いことから、この名がついた。飛翔中はホバリングすることも可能で、海に潜って小魚などを捕食する。繁殖期になると海岸近くの岩礁にコロニーを作り、営巣する。

DATA
- 学 名 ▶ Sterna sumatrana
- 英 名 ▶ Black-naped Tern
- 分 類 ▶ チドリ目カモメ科アジサシ属
- 生息地 ▶ 種子島、馬毛島、奄美諸島、琉球諸島など
- 体 長 ▶ 30〜32cm

緑色が鮮やかな日本固有種
メグロ

成鳥。3月撮影

見分けのPOINT
- 目元から額にかけての三角形の黒色斑
- 頭から胸にかけての明るい緑色

小笠原諸島の一部にのみ生息

日本固有種で、小笠原諸島の母島、向島、妹島にのみ生息する留鳥。木の幹に留まり、パパイヤの実や花の蜜を主食とする。体色は背面が暗い緑色、腹部が明るい黄緑色で、目元に特徴的な三角形の黒色斑がある。

DATA
- 学 名 ▶ Apalopteron familiare
- 英 名 ▶ Bonin White-eye
- 分 類 ▶ スズメ目メジロ科メグロ属
- 生息地 ▶ 小笠原諸島
- 体 長 ▶ 13.5〜14cm

茶色と黒の鮮やかな首がポイント
ムラサキサギ

成鳥。3月撮影

見分けのPOINT
- 首周りの茶色と黒のコントラスト
- 黄褐色の長い嘴

ほかのサギ科にはない首周りの模様

沖縄県の八重山諸島に留鳥として生息する。アオサギにやや似ているが、こちらは体長がやや小さく、嘴が長い。体色は首から胸にかけて明るい茶色に黒い線が入り、非常に鮮やか。背面も紫がかった灰色に、茶色がところどころ交ざっている。

DATA
- 学 名 ▶ Ardea purpurea
- 英 名 ▶ Purple Heron
- 分 類 ▶ ペリカン目サギ科アオサギ属
- 生息地 ▶ 八重山諸島
- 体 長 ▶ 79cm

海を飛び回る西の夏鳥
ベニアジサシ

成鳥夏羽。7月撮影

見分けのPOINT
- 二又に分かれた尾羽
- 夏羽は背面が薄い灰色

紅色の嘴と足が目立つ

沖縄本島、南西諸島などで繁殖する夏鳥。海洋上の岩礁や孤島に棲み、海洋を飛び回りながら急降下して魚を捕る。名前のとおり、夏には嘴の中ほどまでと足が紅色になる。アジサシと比べると、尾羽がやや長いのが特徴。

DATA
- 学名 ▶ Sterna dougallii
- 英名 ▶ Roseate Tern
- 分類 ▶ チドリ目カモメ科アジサシ属
- 生息地 ▶ 有明海、種子島、奄美諸島、沖縄諸島、宮古諸島、八重山列島
- 体長 ▶ 33〜38cm

3色のコントラストが美しい天然記念物
ルリカケス

成鳥。3月撮影

見分けのPOINT
- 青と茶色のツートンカラー
- 身の丈ほどの長さの尾羽

奄美諸島など西部の島にのみ生息

日本固有種。奄美大島、加計呂麻島、請島にのみ生息する留鳥で、国の天然記念物に指定されている。頭部、胸部、翼、尾羽が青紫色で、背面と腹部が赤茶色。嘴は青味がかった黄色をしており、非常に色彩に富んでいる。

DATA
- 学名 ▶ Garrulus lidthi
- 英名 ▶ Lidth's Jay
- 分類 ▶ スズメ目カラス科カケス属
- 生息地 ▶ 奄美大島、加計呂麻島
- 体長 ▶ 38cm

カツオのおこぼれを狙う鳥
カツオドリ

雌成鳥。雌は顔の部分が黄白色。11月撮影

雄成鳥。雄は顔の部分が青色。7月撮影

見分けのPOINT
- ほぼ全身が黒褐色
- 嘴と足が淡黄色
- 腹以下の下面が白色

漁師たちが目印にする空飛ぶ魚群探知機

伊豆諸島、小笠原諸島、南西諸島などの島々で繁殖する夏鳥。カツオが追いかけている魚の群れを狙って、海中に斜めに飛び込む習性が名前の由来。全身がほぼ黒褐色で、腹以下の下面が白色。目の周りが雄は青色、雌は淡黄色と性別で異なる。繁殖期になると「グウォウォー」「ゴア、ゴア」と鳴く。

DATA
- 学名 ▶ Sula leucogaster
- 英名 ▶ Brown Booby
- 分類 ▶ カツオドリ目カツオドリ科カツオドリ属
- 生息地 ▶ 全国各地
- 体長 ▶ 64〜74cm W132〜150cm

第6章　島にいる鳥たち

沖縄周辺で見られる夏鳥
マミジロアジサシ

成鳥。7月撮影

見分けのPOINT
- 二又に分かれた細長い尾羽
- 背面は暗い灰色

日本が繁殖地の北限

琉球諸島、南西諸島に渡来する夏鳥。稀に本州や北海道でも観測される。海洋上の孤島や岩礁に棲み、海上で魚を捕る。セグロアジサシと見た目が似ているが、背面の黒色が薄い点、額の白紋が目の後ろまで伸びている点で区別できる。

DATA
- 学名 ▶ Sterna anaethetus
- 英名 ▶ Bridled Tern
- 分類 ▶ チドリ目カモメ科アジサシ属
- 生息地 ▶ 琉球諸島、南西諸島
- 体長 ▶ 35〜38cm

白い帽子をかぶった夏鳥
クロアジサシ

成鳥。7月撮影

見分けのPOINT
- 全身が黒褐色
- 額から後頭部にかけて灰白色

4月ごろに渡来し群れで子育て

小笠原諸島、宮古島などに渡来する夏鳥。4月ごろ日本に渡り、岩礁に集団で巣を作り子育てをする。体色は全身黒褐色で、頭頂部が灰白色。幼鳥はやや茶色がかっており、成鳥に比べて頭の白色部分が少ない。

DATA
- 学名 ▶ Anous stolidus
- 英名 ▶ Brown Noddy
- 分類 ▶ チドリ目カモメ科クロアジサシ属
- 生息地 ▶ 小笠原諸島、硫黄列島、南鳥島、宮古島、仲御神島
- 体長 ▶ 38〜45cm W75〜86cm

色彩豊かな白黒クイナ
シロハラクイナ

成鳥。3月撮影

見分けのPOINT
- 赤と黄緑の嘴
- 明瞭な白黒のコントラスト

嘴の色が雌雄判別のポイント

奄美大島と沖縄諸島に生息する留鳥。用心深い性格で、危険を感じると素早く走って藪に隠れる。体色は頭頂から背面が黒褐色で、首から腹が白色。嘴は根元が赤色で先端が黄緑色をしており、雌は雄に比べて赤色が暗い。

DATA
- 学名 ▶ Amaurornis Phoenicurus
- 英名 ▶ White-breasted Waterhen
- 分類 ▶ ツル目クイナ科シロハラクイナ属
- 生息地 ▶ 奄美諸島、沖縄諸島
- 体長 ▶ 32cm

尺八のような鳴き声のハト
ズアカアオバト

成鳥。4月撮影

見分けのPOINT
- 胸部の色でアオバトと区別可能
- 嘴は空色

深緑色の胸部がアオバトとの違い

奄美大島、徳之島、南西諸島、沖縄本島などで繁殖する留鳥。低地から山地の樹林に生息し、小粒の果実を主食とする。「アウーウァーイャー」という、長く伸びるユニークな鳴き声をしており、その鳴き声から「シャクハチドリ」とも呼ばれている。

DATA
- 学名 ▶ Treron formosae
- 英名 ▶ Whistling Green Pigeon
- 分類 ▶ ハト目ハト科アオバト属
- 生息地 ▶ 屋久島以南の南西諸島
- 体長 ▶ 35cm

青灰色とオレンジの独特な体色 冬 旅 迷
カラアカハラ

見分けのPOINT
- 頭から背中の青灰色
- 腹脇は明るいオレンジ色

雄成鳥第1回夏羽。5月撮影

胸部の模様が雌雄を見分けるポイント

迷鳥として日本海側、南西諸島の草地などに稀に渡来する。大きさはムクドリとほぼ同じで、頭から背中、尾羽まで青灰色に覆われており、腹はオレンジ色。胸部の色は雌雄で異なり、雄は灰色混じりの白、雌は白に黒い斑模様となっている。

DATA
- 学　名▶Turdus hortulorum
- 英　名▶Grey-backed Thrush
- 分　類▶スズメ目ヒタキ科ツグミ属
- 生息地▶日本海の島嶼や南西諸島
- 体　長▶23cm

冠をかぶった八重山諸島のシンボル 留
カンムリワシ

見分けのPOINT
- 頭に生えた大きな冠羽
- 成鳥は茶褐色、幼鳥は明るいクリーム色

日光浴中の成鳥。11月撮影

冠だけでなく幼鳥の色も見どころ

日本では八重山諸島にのみ生息する留鳥。大きさはハシブトガラスより大きい。名前のとおり後頭部に大きな冠羽があり、興奮した際に逆立つのが特徴。成鳥は全身が茶褐色だが、幼鳥は喉から腹にかけ白く、後頭から背面は褐色の斑がある。

DATA
- 学　名▶Spilornis cheela
- 英　名▶Crested Serpent Eagle
- 分　類▶タカ目タカ科カンムリワシ属
- 生息地▶八重山諸島の石垣島、西表島
- 体　長▶50〜56cm W110〜123cm

八重山列島固有亜種の天然記念物 留
キンバト

見分けのPOINT
- 頭部から背面にかけては青味がかった灰色
- 背面と雨覆は光沢のある緑色、腹面は褐色の羽毛で覆われる

雄成鳥。5月撮影

自然開発で生息数は減少

宮古島以南の南西諸島に留鳥として分布する八重山列島の固有亜種。国の天然記念物に指定されているが、生息地の開発によって生息数は減少している。薄暗い森林に生息し、地表を歩きながら果実、種子、昆虫などを食べる。

DATA
- 学　名▶Chalcophaps indica
- 英　名▶Emerald Dove
- 分　類▶ハト目ハト科キンバト属
- 生息地▶宮古島以南の南西諸島
- 体　長▶25cm

稀に日本へやって来る旅鳥 旅 迷
ハシグロヒタキ

見分けのPOINT
- 大きさはスズメと同程度
- 全体的に灰色がかっている

第1回夏羽の雄

雄と雌は色の濃淡で判別できる

全国各地に稀に渡来する旅鳥で、主に春と秋に見られる。河原や農耕地に棲み、繁殖期にはつがいで縄張りを持つ。雄と雌でやや体色が異なり、雄の夏羽は頭上から背中が青灰色で、雌は背中が灰褐色。雌は雄に比べ、全体的に色が淡い。

DATA
- 学　名▶Oenanthe oenanthe
- 英　名▶Northern Wheatear
- 分　類▶スズメ目ヒタキ科サバクヒタキ属
- 生息地▶全国各地
- 体　長▶14〜16cm

第6章 島にいる鳥たち

黒い横斑を持つウズラ
ミフウズラ

雌成鳥。9月撮影

見分けのPOINT
●腹部が淡橙色

薩南諸島から八重山諸島に生息する。ウズラに比べると、はっきりとした黒い横斑を持ち、腹部が淡橙色で鮮やかで体も大きい。一妻多夫制のため雌が「ブーゥ、ブーゥ」とさえずり、雄が抱卵と育児を行う。

DATA
- 学名 ▶ Turnix suscitator
- 英名 ▶ Barred Buttonquail
- 分類 ▶ チドリ目ミフウズラ科ミフウズラ属
- 生息地 ▶ 奄美諸島、琉球諸島
- 体長 ▶ 14cm

林を歩き回る茶色い夏鳥
ミゾゴイ

雄成鳥。4月撮影

見分けのPOINT
●体頭部から首、胸にかけて茶色

本州、四国、九州、伊豆諸島で繁殖する夏鳥。雑木林や池の周辺を歩き回る。普段は首を縮めており、餌を採る時や警戒した時に伸ばす。外敵が迫ると、体を立てて相手の方へ徐々に向き直る動きをする。

DATA
- 学名 ▶ Gorsachius goisagi
- 英名 ▶ Japanese Night Heron
- 分類 ▶ ペリカン目サギ科ミゾゴイ属
- 生息地 ▶ 全国各地
- 体長 ▶ 49cm

青ざめた顔をした海鳥
アオツラカツオドリ

見分けのPOINT
●顔の裸出部が濃青色

成鳥。11月撮影

熱帯海域の島に生息し、日本では尖閣諸島や小笠原諸島での繁殖が確認されている。翼開長が約1.5mと大きく、翼を半ば開いた状態で海に飛び込み魚を捕る。「ガッ、ガッ」や「グルッ、グルッ」と鳴く。

DATA
- 学名 ▶ Sula dactylatra
- 英名 ▶ Masked Booby
- 分類 ▶ カツオドリ目カツオドリ科カツオドリ属
- 生息地 ▶ 尖閣諸島、小笠原諸島西之島、本州、四国、九州、佐渡島、伊豆諸島、南鳥島、硫黄列島、南西諸島
- 体長 ▶ 81〜92cm W152〜170cm

遠くからでも目立つ大きな冠
ヤツガシラ

成鳥。4月撮影

見分けのPOINT
●頭より長い大きな冠羽
●羽は白黒の縞模様

全国各地に稀に渡来する旅鳥。農耕地や林に棲み、嘴で地面を掘って餌を探す。非常に大きく発達した冠羽が特徴で、広げると扇状になる。鳴き声は「ポポポ」という3連音を繰り返す。

DATA
- 学名 ▶ Upupa epops
- 英名 ▶ Eurasian Hoopoe
- 分類 ▶ サイチョウ目ヤツガシラ科ヤツガシラ属
- 生息地 ▶ 全国各地
- 体長 ▶ 26〜28cm

白と黒褐色の翼を持つ海鳥
アカアシカツオドリ

アカアシカツオドリの亜成鳥（成鳥とほど同じ羽衣を持つ若鳥）。9月撮影

見分けのPOINT
●風切が黒褐色

夏鳥として八重山諸島の仲御神島での繁殖が確認されているほか、北海道から九州・南西諸島にかけての海上や港湾への渡来もある。類似種のアオヅラカツオドリより一回り小さく、尾、足、嘴の色が違う。

DATA
- 学名 ▶ Sula sula
- 英名 ▶ Red-footed Booby
- 分類 ▶ カツオドリ目カツオドリ科カツオドリ属
- 生息地 ▶ 北海道、本州、佐渡、四国、九州、小笠原諸島、南西諸島
- 体長 ▶ 66〜77cm W124〜142cm

限定された生息域で観察される夏鳥
ウチヤマセンニュウ

雄成鳥。5月撮影

見分けのPOINT
●眉斑が黄白色で過眼線は黒色

日本には夏鳥として繁殖のため九州の島嶼や伊豆諸島などに渡来する。竹林や、丈が低い照葉樹林等に生息し、雄は縄張りを形成する。食性は動物食で、昆虫類、節足動物などを食べる。

DATA
- 学名 ▶ Lacustella pleskei
- 英名 ▶ Styan's Grasshopper Warbler
- 分類 ▶ スズメ目センニュウ科センニュウ属
- 生息地 ▶ 伊豆諸島の一部、本州、四国、九州
- 体長 ▶ 17cm

INDEX

ア行

アオアシシギ	60
アオゲラ	53
アオサギ	104
アオジ	19
アオシギ	74
アオツラカツオドリ	124
アオバズク	46
アオバト	47
アカアシカツオドリ	124
アカアシシギ	61
アカアシチョウゲンボウ	63
アカアシミズナギドリ	45
アカエリカイツブリ	48
アカエリヒレアシシギ	32
アカガシラサギ	26
アカゲラ	111
アカコッコ	119
アカツクシガモ	89
アカハシハジロ	100
アカハジロ	77
アカハラ	76
アカヒゲ	119
アカマシコ	21
アジサシ	63
アトリ	100
アナドリ	46
アネハヅル	93
アビ	93
アホウドリ	95
アマサギ	24
アマツバメ	50
アメリカヒドリ	77
アラナミキンクロ	73
アリスイ	46
イイジマムシクイ	119
イカル	77
イカルチドリ	23
イスカ	102
イソシギ	34
イソヒヨドリ	108
イナバヒタキ	23
イヌワシ	64
イワツバメ	24
イワヒバリ	44
イワミセキレイ	77
ウグイス	48
ウズラシギ	34
ウソ	85
ウチヤマセンニュウ	124
ウトウ	56
ウミアイサ	77
ウミウ	16
ウミオウム	97
ウミガラス	44
ウミスズメ	75
ウミネコ	113
ウミバト	72
エゾセンニュウ	54
エゾビタキ	25
エゾムシクイ	22
エゾライチョウ	81
エトピリカ	66
エトロフウミスズメ	96
エナガ	104
エリグロアジサシ	120
オウチュウ	25
オオアカゲラ	70
オオアジサシ	26
オオカラモズ	81
オオキアシシギ	74
オオコノハズク	26
オオジシギ	49
オオジュリン	49
オオセグロカモメ	47
オオセッカ	53
オオソリハシシギ	34
オオタカ	21
オオチドリ	23
オオトウゾクカモメ	47
オオノスリ	79
オオハクチョウ	72
オオハシシギ	61
オオハム	99
オオバン	71
オオマシコ	81
オオミズナギドリ	65
オオメダイチドリ	23
オオモズ	81
オオヨシキリ	51
オオルリ	27
オオワシ	78
オカヨシガモ	86
オガワコマドリ	97
オグロシギ	34
オシドリ	104
オジロトウネン	28
オジロビタキ	42
オジロワシ	78
オナガ	107
オナガガモ	86
オナガミズナギドリ	65
オニアジサシ	62
オバシギ	35

カ行

カイツブリ	113
カケス	81
カシラダカ	98
カタグロトビ	100
カツオドリ	121
カッコウ	51
カナダカモメ	101
カナダヅル	81
カモメ	101
カヤクグリ	51
カラアカハラ	123
カラスバト	30
カラフトアオアシシギ	66
カラフトムシクイ	31
カラフトムジセッカ	31
カラフトワシ	78
カラムクドリ	98
カリガネ	83
カルガモ	107
カワアイサ	83
カワウ	109
カワガラス	83
カワセミ	107
カワラヒワ	114
カンムリカイツブリ	48
カンムリワシ	123
キアシシギ	35
キガシラセキレイ	120

125

キクイタダキ……… 64	コガモ……… 87	シロハラクイナ……… 122
キジ……… 107	コガラ……… 108	シロハラトウゾクカモメ……… 18
キジバト……… 105	コクガン……… 94	シロハラホオジロ……… 39
キセキレイ……… 112	コクマルガラス……… 96	シロフクロウ……… 84
キバシリ……… 66	コゲラ……… 40	ズアカアオバト……… 122
キビタキ……… 31	コサギ……… 114	ズグロカモメ……… 39
キマユホオジロ……… 32	コサメビタキ……… 40	ズグロチャキンチョウ……… 39
キマユムシクイ……… 32	コシアカツバメ……… 38	ズグロミゾゴイ……… 119
キョウジョシギ……… 35	コシャクシギ……… 35	スズガモ……… 99
キョクアジサシ……… 67	ゴジュウカラ……… 37	スズメ……… 108
キリアイ……… 20	コジュケイ……… 109	セイタカシギ……… 33
キレンジャク……… 83	コジュリン……… 55	セグロカモメ……… 80
キンクロハジロ……… 83	コチドリ……… 16	セジロタヒバリ……… 64
ギンザンマシコ……… 52	コチョウゲンボウ……… 90	セッカ……… 110
キンバト……… 123	コノハズク……… 55	センダイムシクイ……… 40
ギンムクドリ……… 118	コハクチョウ……… 75	ソデグロヅル……… 84
クイナ……… 99	コブハクチョウ……… 41	ソリハシシギ……… 36
クサシギ……… 75	コマドリ……… 41	ソリハシセイタカシギ……… 36
クマゲラ……… 49	コミミズク……… 84	
クマタカ……… 79	コムクドリ……… 109	**タ 行**
クロアシアホウドリ……… 95	コヨシキリ……… 57	ダイサギ……… 109
クロアジサシ……… 122	コルリ……… 27	ダイシャクシギ……… 66
クロウタドリ……… 37		ダイゼン……… 39
クロガモ……… 87	**サ 行**	タカサゴモズ……… 99
クロサギ……… 67	サカツラガン……… 71	タカブシギ……… 30
クロジ……… 83	ササゴイ……… 45	タゲリ……… 102
クロツグミ……… 37	サメビタキ……… 41	タシギ……… 75
クロツラヘラサギ……… 84	サルハマシギ……… 35	タヒバリ……… 98
クロヅル……… 84	サンカノゴイ……… 57	タマシギ……… 49
クロトウゾクカモメ……… 38	サンコウチョウ……… 55	タンチョウ……… 110
クロトキ……… 73	サンショウクイ……… 27	チゴハヤブサ……… 47
クロハラアジサシ……… 62	シジュウカラ……… 108	チゴモズ……… 48
ケアシノスリ……… 84	シジュウカラガン……… 87	チシマウガラス……… 42
ケイマフリ……… 56	シノリガモ……… 87	チフチャフ……… 90
ケリ……… 38	シマアオジ……… 55	チュウサギ……… 104
コアオアシシギ……… 33	シマアジ……… 40	チュウシャクシギ……… 36
コアカゲラ……… 56	シマセンニュウ……… 54	チュウヒ……… 82
コアジサシ……… 56	シマフクロウ……… 55	チョウゲンボウ……… 41
コアホウドリ……… 95	シメ……… 99	ツクシガモ……… 87
コイカル……… 94	ショウドウツバメ……… 50	ツグミ……… 97
ゴイサギ……… 114	ジョウビタキ……… 114	ツツドリ……… 25
コウノトリ……… 67	シラコバト……… 27	ツノメドリ……… 96
コウミスズメ……… 94	シロアジサシ……… 45	ツバメ……… 110
コウライアイサ……… 78	シロエリオオハム……… 95	ツバメチドリ……… 20
コウライウグイス……… 24	シロガシラ……… 118	ツミ……… 52
コウライキジ……… 17	シロカモメ……… 80	ツメナガセキレイ……… 68
コオバシギ……… 35	シロチドリ……… 20	ツメナガホオジロ……… 96
コオリガモ……… 86	シロハラ……… 94	ツリスガラ……… 90

ツルクイナ … 30	ヒクイナ … 51	ミヤマガラス … 92
ツルシギ … 36	ヒシクイ … 89	ミヤマホオジロ … 73
トウゾクカモメ … 80	ヒバリ … 113	ミユビシギ … 74
トウネン … 30	ヒバリシギ … 29	ムギマキ … 42
トキ … 64	ヒメアマツバメ … 50	ムクドリ … 106
トビ … 110	ヒメイソヒヨ … 29	ムナグロ … 61
トモエガモ … 90	ヒメウ … 102	ムネアカタヒバリ … 17
トラツグミ … 88	ヒメコウテンシ … 21	ムラサキサギ … 120
トラフズク … 33	ヒヨドリ … 111	メグロ … 120
	ヒレンジャク … 79	メジロ … 114

ナ行

	ビロードキンクロ … 77	メジロガモ … 86
ナベコウ … 88	ビンズイ … 53	メダイチドリ … 17
ナベヅル … 91	フクロウ … 105	メボソムシクイ … 58
ニシオジロビタキ … 91	ブッポウソウ … 45	メリケンキアシシギ … 32
ニュウナイスズメ … 91	フルマカモメ … 42	モズ … 112
ノグチゲラ … 117	ベニアジサシ … 121	モモイロペリカン … 88
ノゴマ … 25	ベニバト … 96	
ノジコ … 20	ベニヒワ … 85	

ヤ行

ノスリ … 106	ベニマシコ … 53	ヤイロチョウ … 58
ノドアカツグミ … 68	ヘラサギ … 100	ヤツガシラ … 124
ノハラツグミ … 99	ヘラシギ … 63	ヤブサメ … 18
ノビタキ … 58	ホウロクシギ … 65	ヤマガラ … 114

ハ行

	ホオアカ … 22	ヤマゲラ … 58
	ホオジロ … 112	ヤマシギ … 68
ハイイロガン … 82	ホシガラス … 29	ヤマショウビン … 18
ハイイロチュウヒ … 82	ホシハジロ … 88	ヤマセミ … 42
ハイイロヒレアシシギ … 67	ホシムクドリ … 89	ヤマドリ … 19
ハイイロミズナギドリ … 57	ホトトギス … 40	ヤンバルクイナ … 116
ハイタカ … 57		ユキホオジロ … 76

マ行

ハギマシコ … 76		ヨシガモ … 87
ハクガン … 71	マガモ … 112	ヨシゴイ … 58
ハクセキレイ … 112	マガン … 72	ヨタカ … 52
ハシグロヒタキ … 123	マキノセンニュウ … 54	
ハシブトアジサシ … 62	マナヅル … 85	

ラ行

ハシブトウミガラス … 92	マヒワ … 96	ライチョウ … 55
ハシブトガラ … 76	マミジロ … 28	リュウキュウコノハズク … 117
ハシブトガラス … 106	マミジロアジサシ … 122	リュウキュウツバメ … 118
ハシボソガラス … 111	マミジロキビタキ … 28	リュウキュウヨシゴイ … 117
ハシボソミズナギドリ … 26	マミジロタヒバリ … 68	ルリカケス … 121
ハジロカイツブリ … 101	マミチャジナイ … 42	ルリビタキ … 111
ハジロコチドリ … 63	ミコアイサ … 91	レンカク … 40
ハチクマ … 54	ミサゴ … 58	

ワ行

ハマシギ … 31	ミゾゴイ … 124	
ハマヒバリ … 72	ミソサザイ … 22	ワシカモメ … 80
ハヤブサ … 89	ミツユビカモメ … 93	ワタリガラス … 92
ハリオアマツバメ … 50	ミフウズラ … 124	
バン … 112	ミミカイツブリ … 101	
ヒガラ … 19	ミヤコドリ … 92	

◎編集協力・デザイン・DTP
株式会社ファミリーマガジン

◎写真
真木広造

◎イラスト
西村光太

◎主な参考文献
真木広造(写真)、五百澤日丸(解説)、大西敏一(解説)
『決定版 日本の野鳥650』(平凡社)
真木広造『名前がわかる野鳥大図鑑 99種の鳴き声が聞けるCD付き』
(永岡書店)
安部直哉『山溪名前図鑑 野鳥の名前』(山と溪谷社)
高野伸二『フィールドガイド 日本の野鳥』(日本野鳥の会)
安西英明(解説)、谷口高司(絵)『新・山野の鳥 改訂版』(日本野鳥の会)
安西英明(解説)、谷口高司(絵)『新・水辺の鳥 改訂版』(日本野鳥の会)
薮内正幸(絵)、国松俊英(文)『鳥の観察図鑑
どこでなにをたべているのかな(絵本図鑑シリーズ)』(岩崎書店)
薮内正幸『野鳥の図鑑 にわやこうえんの鳥からうみの鳥まで』
(福音館書店)
京極徹『図説 日本の野鳥(ふくろうの本)』(河出書房新社)
高野伸二(編)、浜口哲一ほか(解説)
『日本の野鳥(山溪カラー名鑑)』(山と溪谷社)
中村登流『検索入門 野鳥の図鑑 陸の鳥1』(保育社)
中村登流『検索入門 野鳥の図鑑 陸の鳥2』(保育社)
中村登流『検索入門 野鳥の図鑑 水の鳥1』(保育社)
中村登流『検索入門 野鳥の図鑑 水の鳥2』(保育社)
唐沢孝一・川内博・沼里和幸共著
『四季の野鳥(ポピュラーサイエンス)』(裳華房)

監修／真木広造(まき ひろぞう)

1948年、山形県生まれ。山形県立寒河江高等学校を卒業後、野鳥の写真を撮り始める。78年、日本野鳥の会山形県支部長に就任。以来95年まで17年間にわたって務める。85年に野鳥写真家として独立し、山形県を中心に各地で精力的に撮影を行う。特に野鳥の捕食行動、ワシタカ類、ハヤブサ類の行動の撮影に力を入れている。主なテーマは日本産鳥類全種の完全撮影。主な著書・共著書に『みちのくの野鳥』(山形放送)、『野鳥』『名前がわかる野鳥大図鑑』(永岡書店)、『空の王者イヌワシ』(新日本出版社)、『日本の鷲鷹』『決定版 日本の野鳥590』『決定版 日本の野鳥650』『ワシタカ・ハヤブサ識別図鑑』(平凡社)、『鳥風歌』(みちのく映像社)など。日本野鳥の会山形県支部顧問。

四季で楽しむ 野鳥図鑑

2017年4月21日　第1刷発行
2022年8月6日　第3刷発行

監修　真木広造

発行人　蓮見清一

発行所　株式会社 宝島社
　　　　〒102-8388
　　　　東京都千代田区一番町25番地
　　　　営業：03-3234-4621
　　　　編集：03-3239-0928
　　　　https://tkj.jp

印刷・製本　株式会社広済堂ネクスト

本書の無断転載・複製を禁じます。
落丁・乱丁本はお取り替えいたします。

©Hirozo Maki
©TAKARAJIMASHA 2017
Printed in Japan
ISBN978-4-8002-6945-4